Q&A 40

ここが聞きたい！

耐震設計の基本

運上 茂樹 著

建設図書

序

平成７年（1995年）の兵庫県南部地震の際には，古い時代の橋を中心に落橋や倒壊など非常に多くの橋で激甚な被害が発生しました．現時点ですでに25年が経過しましたが，あまりの衝撃で，あの当時の現場の状況は頭の中に焼き付いて消えません．

こうした被害経験に基づき，地震時に橋がどのように壊れていくのかを考えず，弾性範囲の挙動のみを基本とした“震度法による設計”から，橋の各部材が弾性限を超えて塑性域で変位，損傷が進展していくことを追跡する“じん性設計”に本格的に転換しました．じん性設計を行うためには，鋼材やコンクリートで築造される部材がどのような壊れ方をするか，変位に応じてどのような抵抗特性を持っているか，そしてそれが地震時に地盤を含む橋全体の構造バランスの中でどのように挙動していくかを推定することが基本になります．さまざまな実験や観測，解析などの調査，研究が各方面で実施され，これらの最先端の研究成果が耐震設計の実務に取り入れられるなど，現在も進歩途上にあるところです．

耐震性に優れた橋の設計を行うためには，地震動の特性とともに，鋼部材・コンクリート部材等の橋を構成する部材の弾性域，塑性域の力学特性のみならず，これらの部材から構成される橋全体の挙動を総合的に評価したうえでの判断が必要になります．しかしながら，耐震設計において最も基本となる架橋地点において将来起こり得る最大地震動の予測，推定については，まだ不確定性が大きく，高い精度でこれらを正確に評価できる段階には至っていないのが現状と思われます．また，耐震設計法についても，このような地震動を受けて橋は３次元的な挙動をし，部材にも損傷が進展していくことになりますが，部材の降伏や塑性化，破壊挙動，さらに部材間の相互作用，そして，橋全体の挙動特性を高い精度で推定することにも現状では限界があるのも事実です．

このように，橋の耐震設計では，地震動の評価とともに，地盤，基礎，下部構造，上部構造等の各部材としての評価と，橋全体としての観点での評価が必要とされます．しかしながら，橋に変位，損傷が進展していくことを考慮する現状の耐震設計法において，実務上どうしてそのような手法が用いられているのか，どうしてそのような判断がなされているのか等についての理解が十分でない場合があったり，また，上記のように地震動の評価や橋の限界性能と挙動の評価等，これらを高い精度で評価することの限界に関する理解も十分ではない場合もあると考えられます．

このような背景のもと，橋の耐震設計に取り組まれておられる主として若手の実務者を対象に，現時点での橋の耐震設計の考え方の理解のために参考になる基本を入門書的に分かりやすく解説することを目的として，本書が企画されました．

本書は２部構成になっており，第１部では「ここが聞きたい！耐震設計の基本」と題して，耐震設計の考え方の基本となる事項をＱ＆Ａ形式で，第２部では2011年東日本大震災以降の近年の地震被害とその対応，そして今後の耐震技術について紹介，解説したいと思います．

なお，本書では，橋の耐震設計に関する技術的な，あくまで一般論として参考となる事項を解説しています．このため，本書内で引用する各種の行政基準や学協会基準等のそれぞれの判断や取扱い等とは直接的には関係しない耐震設計技術一般論という位置付けになることにご留意ください．

2020年８月

運　上　茂　樹

ここが聞きたい！ **耐震設計の基本**

目　次

第1部　耐震設計の基本（Q&A）

第2部　激甚化する地震災害と社会インフラの機能維持

第1部

耐震設計の基本

橋の耐震設計技術は，1923年関東地震による被害経験を契機として導入されてから，その後1995年兵庫県南部地震をはじめとする多くの被害地震に基づき，開発，改良されてきました．第１部では，橋の耐震設計の考え方の基本となる事項についてQ&A形式で解説します．

第 1 章

地震被害と耐震性能

1995年兵庫県南部地震による阪神高速道路３号神戸線（神戸市東灘区深江本町地区）のピルツ橋18径間の倒壊.
橋脚と上部構造が剛結され，隣接する桁間はゲルバー桁形式でつなぐ構造．鉄筋コンクリート橋脚の軸方向鉄筋の段落し部における曲げせん断破壊モードでの損傷，破壊.

1－1 地震被害と耐震性能

ここでは，橋の地震被害と設計法の発展，耐震設計の目標，耐震性能に関する基本事項を解説します．

Q1 過去の地震では橋にどんな被害が発生したの？

地震工学，耐震工学は，地震という自然現象を対象にしますので経験工学的な面が大きいと言えます．震災の経験に基づいて，その被災を防止あるいは軽減する技術として開発，発展してきたと言えるでしょう．このため，まずは，橋という構造物は地震時にどこが弱点となりやすいのかということを理解することが重要です．

ここでは，道路橋を例にとって，その被害例とそれに対処するために整備されてきた設計法について振り返ってみます．表-1.1は，その歴史を簡

表-1.1　被害地震と耐震設計法の変遷

代表的な被害地震	設計法の導入等
1923（大正12）年　関東地震（M7.9）	1926年・震度法の導入
1948（昭和23）年　福井地震（M7.3）	
1952（昭和27）年　十勝沖地震（M8.1）	
1964（昭和39）年　新潟地震（M7.5）	
1971（昭和46）年　米国サンフェルナンド地震（M6.6）	1971年・修正震度法，液状化設計法，落橋防止構造の導入
1978（昭和53）年　宮城県沖地震（M7.1）	1980年・変形性能の照査方法の導入
1983（昭和58）年　日本海中部地震（M7.7）	・せん断設計法，段落し部の設計法，
1989（昭和63）年　米国ロマプリエータ地震（M7.1）	液状化設計法の改良
1993（平成5）年　釧路沖地震（M7.8）	1990年・地震時保有水平耐力法（2段階設計法）の導入
北海道南西沖地震（M7.8）	
1994（平成6）年　米国ノースリッジ地震（M6.6）	
1995（平成7）年　兵庫県南部地震（M7.3）	1995年・内陸直下型地震による地震動の考慮
	・本格的な損傷制御設計，じん性設計法の導入
	2002年・性能規定型基準体系の導入

単にまとめたものです．ここでは，橋梁の耐震設計に大きなインパクトを与えた２つの地震，大正12年（1923年）関東地震から平成７年（1995年）兵庫県南部地震までの歴史を示しています．

道路橋の設計において地震の影響を具体的に考慮するようになったのは，大正12年（1923年）の関東地震による大被害を契機として，地震力に相当する水平力を設計の際に考慮するようになった時に始まります．地震力を静的な横力として作用させて設計を行う，いわゆる「震度法」の導入です．

関東地震における道路橋の被害は，東京，神奈川，静岡などで1,785橋に及び，震央に近い神奈川県では半数以上の橋が被災したと言われています．

この当時は，設計では地震力が考慮されていなかったため，水平力に対して弱く，下部構造が基礎ごと完全に倒壊してしまい，上部構造の落下に至るような被害形態が見られました．写真-1.1は，その被害パターンの一例です．これは昭和23年（1948年）の福井地震で被災した九頭竜川に架かる中角橋の落橋例を示したものです．

関東地震が契機となって導入された耐震設計法はその後時代とともに改

写真-1.1　昭和23年福井地震による中角橋の落橋

良されていきました．

昭和14年（1939年）の「鋼道路橋設計示方書案」においては，設計震度の標準値として水平加速度を0.2g，鉛直加速度を0.1gとし，架橋地点の状況を考慮して増減させることになりました．

その後，改訂された昭和31年（1956年）の「鋼道路橋設計示方書」では，水平震度は架橋地域と地盤の種別に応じて９種類に分類，その値としては0.1～0.35の値をとることになり，また，鉛直震度は0.1が標準でした．この時代は主に設計地震力の設定方法が充実しつつあり，地震力をどう地域や地盤条件によって設定するかが課題だったと推測されます．

地震力を考慮していなかった時代に建設された道路橋では，写真-1.1の被災例のように，下部構造自体の強度不足，周辺地盤の変状あるいは支持力不足により下部構造の大きな横移動，傾斜，転倒を生じ，これによって上部構造が落橋するという甚大な被害を受けたものが多かったのですが，震度法の導入によってこうした被害形態は大幅に減少してきました．

写真-1.2　昭和39年新潟地震による昭和大橋の落橋

一方，周辺地盤の変状，特に砂質地盤の液状化に伴う下部構造の大きな移動，変形による被害形態は現在でも見られます．液状化による被害が強く認識されたのは，昭和39年（1964年）の新潟地震による昭和大橋の落橋（写真-1.2）でした．昭和大橋では，周辺地盤が広範囲に液状化するとともに横方向に変位した結果，単列のパイルベント形式の下部構造に大きな変位が生じ，上部構造の落下に至りました．当時は，上下部構造間等を連結する落橋防止構造もありませんでした．

このような被災経験を踏まえ，昭和46年（1971年）には耐震設計に関して初めて体系的にまとめられた「道路橋耐震設計指針」が規定されました．ここでは，設計震度は標準設計震度を0.2とし，これを地域，地盤条件および橋梁の重要度に応じて統一的に設定できるようにするとともに，高橋脚等比較的振動しやすい橋については応答の増幅を考慮した修正震度法が導入されました．さらに，地震時の地盤の液状化に対する設計法と，上下部構造間の相対変位による上部構造の落下を防止するための落橋防止構造

写真-1.3　昭和53年宮城県沖地震による支承部の損傷

の考え方が初めて導入されました.「修正震度法」,「液状化設計法」,「落橋防止構造」の導入です.

その後に発生した昭和53年（1978年）の宮城県沖地震では，鉄筋コンクリート橋脚の損傷と同時に，支承およびその周辺の上下部構造の損傷が顕著に見られるようになりました（写真-1.3）. これは，基礎の設計法が進んできた結果，関東地震，福井地震に見られたような下部構造の移動，傾斜等の被害は少なくなったのですが，その代わりに橋脚や支承周辺部のうち，ねばりの少ない弱点部に被害が集中するようになったためです.

地震は，必ず構造系の最弱点部を見つけだし，そこに損傷を発生させていることが分かります. 設計法が改善されると，それに伴って弱点部が移動し，被害形態が変化してきているのです. このような点に対処するために，昭和55年（1980年）の「道路橋示方書」では，鉄筋コンクリート橋脚の変形性能の照査法が導入され，せん断に対する設計法や軸方向鉄筋の段落し部の設計法が改良されました. さらに，具体的な液状化の判定方法や液状化の程度によって地盤の抵抗特性を低減する考え方が導入されました.

平成２年（1990年）には，連続橋の耐震計算法や鉄筋コンクリート橋脚の地震時保有水平耐力の照査法が規定されました. 地震時保有水平耐力の照査法は，昭和55年（1980年）の変形性能の照査方法を設計法として確立されたもので，震度法により許容応力度内に収まるように耐震設計された鉄筋コンクリート橋脚に対して，これをさらに上回る大きな地震力が作用しても落橋等の致命的な破壊を生じないことを照査するじん性設計法として規定されました.

これが初めて橋梁に取り入れられた２段階耐震設計法であるとともに，設計で考慮する地震動と達成すべき性能が明示された最初の基準でした.「２段階設計法」,「地震時保有水平耐力法」の導入です.

近代的な構造を有する道路橋に対して耐震工学上最も大きな影響を及ぼしたのが，平成７年（1995年）１月に発生した兵庫県南部地震です. 兵庫県

写真-1.4　平成７年兵庫県南部地震による橋脚の倒壊

南部地震では気象庁による観測史上初めて震度７（激震）を記録するとともに，道路橋では高架橋が倒壊（写真-1.4）するなど関東大震災以来，最大の被害を引き起こしました．

兵庫県南部地震では，従来我が国でほとんど観測されたことがない極めて大きくかつ短時間に衝撃的な地震動が広い地点で生じました．道路橋では，昭和55年より古い基準で設計された橋を中心として，上部構造の落橋を含む甚大な被害を生じました．特に，鉄筋コンクリート橋脚の主鉄筋段落し部で著しい損傷が生じました．

このような甚大な被害経験を踏まえ，被災地域の復旧のための設計仕様（復旧仕様）が地震後約１カ月後の２月27日に出されています．兵庫県南部地震では，平成２年（1990年）の基準で設計された橋では大きな被害が少なかったことから，これを基本とし，各構造部材の強度を向上させると同時に，変形性能を高めて橋全体系として地震に耐える構造を目指し，震度法による設計に加えて地震時保有水平耐力を照査することになりました．さらに，兵庫県南部地震に対しても耐えられる構造であることを神戸海洋気象台等での実測記録を用いて動的解析によって照査することになりました．このほかに，免震設計の本格的採用や液状化に伴う地盤流動に対する設計法なども導入されました．その後，道路橋示方書については，復旧仕様を基本に平成８年（1996年）に改訂され，本格的な「損傷制御設計」の考え方や「じん性設計法」が導入されました．平成14年（2002年）には，国際化や多様な構造・工法等への柔軟な対応を可能とする技術基準として「性能規定型基準」を目指して要求する性能を明示し，それを照査する体系に改訂されました．なお，道路橋示方書はその後平成24年（2012年），そして平成29年（2017年）に改訂され現在に至っていますが，これについては**第２部**で解説します．

平成７年（1995年）以降，福岡，新潟，石川，岩手・宮城等において重大な被害地震が発生し，強い地震動記録も観測されています．平成７年（1995年）以降の橋において支承部周辺の損傷や地盤変状の影響を受けたものは確認されていますが，振動による甚大な構造的損傷は発生しておらず，確実に耐震性能は向上していると考えられます．

Q２　耐震設計の目標は？　何のために行うの？

激甚な被害が発生した平成７年（1995年）の兵庫県南部地震の直後，最初に議論されたのは以下のことでした．

“これまでどんな橋を造ってきたのか？”

これは，「橋の耐震設計ではどういう地震に対してどういう性能を達成しようとしてきたのか」，すなわち，「橋の耐震性能は何だったのか」ということでした．

もともと，どうしようとしてきたのかが明確でなければ，今回の地震の強さはこのくらいなので，考慮していた設計地震力を超過した，あるいは，超過しなかったから，被害が大きかった，あるいは，小さかったというこ

表-1.2　道路橋における設計地震動と目標とする橋の耐震性能

設計地震動		A種の橋	B種の橋
レベル１地震動		地震によって橋としての健全性を損なわない性能（耐震性能１）	
レベル２地震動	タイプⅠ地震動（プレート境界型の大規模な地震）	地震による損傷が橋として致命的とならない性能（耐震性能３）	地震による損傷が限定的なものにとどまり，橋としての機能の回復が速やかに行いうる性能（耐震性能２）
	タイプⅡ地震動（兵庫県南部地震のような内陸直下型地震）		

とが分からないというものです．

これはまさに性能設計です．現在は，性能設計が中心となっており，当たり前の解釈になっていますが，当時の基準や資料でこれを明確に示していたものはありませんでした．唯一，平成２年（1990年）の道路橋示方書Ｖ耐震設計編の耐震設計の基本方針の中で以下のように解説されていました．

『橋の耐震設計は，地震に対する道路交通の安全性の確保を目的とし，比較的生じる可能性の高い中規模程度の地震に対しては，構造物としての健全性が損なわれず，大正12年（1923年）の関東地震のようにまれに起こる大きな地震に対しても落橋などが生じないことを目標として行う』

これが橋の耐震性能の目標を明確に示した最初のものです．この目標を達成するために，中規模程度の地震に対しては0.1～0.3の設計震度を用いた震度法と許容応力度法の組合わせにより，また，大きな地震に対しては0.7～1.0の設計震度を用いて鉄筋コンクリート橋脚にせん断破壊が生じないように塑性変形を考慮した地震時保有水平耐力の照査を行うという考え方でした．

平成７年（1995年）の兵庫県南部地震の経験を踏まえた道路橋の耐震設計の性能目標は，表-1.2に示すとおりです．橋の重要度と設計地震動のレベルに応じて所要の耐震性能を確保しようというものです．設計地震動として２段階のレベル，橋の重要度に応じて３つの耐震性能があります．

Q3　耐震性能って何？

道路橋の耐震設計は，橋の重要度に応じて表-1.2に示した耐震性能を確保することを目標として行います．外力と性能の組合わせを示したものを「パフォーマンスマトリックス」と呼びますが，まさに表-1.2がそうです．橋の重要度は，震災後の避難，救援，復旧のためなどの道路の機能により分類します．重要度が標準的な橋（A種の橋と呼びます），つまり，迂回路がある等により必ずしも震災後の使用性が求められないような橋では，致命的な被害を防止すること（耐震性能3）を，また，高速道路，一般国道，緊急輸送道路等，震災後にも重要な役割を担う道路等における特に重要度が高い橋（B種の橋と呼びます）では，限定された損傷にとどめること（耐震性能2）が目標です．なお，平成29年（2017年）の道路橋示方書では，耐震性能は，他の荷重に対する性能を含めて「耐荷性能」と定義されています．

耐震性能1から耐震性能3を，耐震設計上の安全性，耐震設計上の供用性，耐震設計上の修復性という3つの観点で考慮されている事項を示したのが表-1.3です．地震による落橋等に対する安全性が確保されているか，地震後の緊急輸送路等としての通行機能が確保できるか，地震による損傷

表-1.3　道路橋における耐震性能の観点

橋の耐震性能	耐震設計上の安全性	耐震設計上の供用性	耐震設計上の修復性	
			短期的修復性	長期的修復性
耐震性能1：地震によって橋としての健全性を損なわない性能	落橋に対する安全性を確保する	地震前と同じ橋としての機能を確保する	機能回復のための修復を必要としない	軽微な修復でよい
耐震性能2：地震による損傷が限定的なものにとどまり，橋としての機能の回復が速やかに行い得る性能	落橋に対する安全性を確保する	地震後に橋としての機能を速やかに回復できる	機能回復のための修復が応急修復で対応できる	より容易に恒久復旧を行うことが可能である
耐震性能3：地震による損傷が橋として致命的とならない性能	落橋に対する安全性を確保する	—	—	—

の応急的，あるいは，恒久的な修復，復旧ができるかどうか，という観点が性能を構成する基本的な考え方です．どういう橋を造るのかを考えた場合，最も基本となるのはこの観点になります．

さて，我が国では上記のような耐震性能が目標とされていますが，国際的にはどうなのでしょうか．表-1.4は，主要な各国の道路橋の耐震設計基準における設計地震動と要求耐震性能を比較したものです．ここには後述する建築物との比較も示しています．設計地震動に関する考え方はいずれの国も類似しており，比較的起こり得る中小地震とまれに起こる大規模地震の両者に対して，それぞれの地震の規模に応じて必要な機能を確保したり，崩壊を防止するなどの目標です．

橋の重要度に関しては，おおむね２種類の区分で，重要度の定義は多少異なっていますが，本質的にはいずれの国においても２次災害に対する影響やその構造物の社会的な重要性などに基づいて設定されています．

こうした地震動および重要度に応じた耐震性能についてもいずれの国においても供用性，安全性，復旧性といった要求性能に基づいて緊急輸送の確保などのサービスレベルと弾性範囲や崩壊しないなどの損傷レベルが考慮されています．各国で表現は異なりますが，本質的な要求耐震性能に関してはほぼ同様の考え方とみることができます．

なお，具体的な設計計算においては，我が国のように中規模地震と大規模地震の２段階の地震の影響に対して性能を具体的に照査する場合と，米国のように大規模地震に対する照査のみ行う場合に分類できます．

次に，耐震性能について，建築構造物との相違はどうなのでしょうか．建築物は一般に個人の私有財産が大半で，橋梁などの公共構造物とは一概に比較することは適切でない点もあると思いますが，同様に設計地震動と必要耐震性能の比較を表-1.4に示しています．

道路橋および建築物ともに，1980年から２段階設計法が導入されており，要求する耐震性能の考え方はほぼ同一となっています．すなわち，遭遇す

表-1.4　道路橋の耐震設計基準における設計地震動と耐震性能に関する主な各国との比較および建築物との比較

各国の基準	設計地震動	要求耐震性能
日本 道路橋示方書 Ⅴ耐震設計編	○２段階（３種類）の地震動レベル １）橋の供用期間中に発生する確率が高い地震（弾性加速度応答0.1～0.3g） ２）橋の供用期間中に発生する確率は低いが大きな強度をもつ地震動 ①プレート境界型の大規模な地震（弾性加速度応答1.2～1.4g） ②兵庫県南部地震のような内陸直下型地震（弾性加速度応答1.5～2.0g）	○設計地震動レベルと橋の重要度に応じた３種類の性能 １）設計地震動１）に対して健全性を損なわないこと ２）設計地震動２）に対して， ①重要度が標準的な橋：致命的な被害を防止すること（落橋が生じない） ②特に重要度が高い橋：限定された損傷にとどめること（橋としての機能の回復をより速やかに行うため）
欧州 ユーロコード８	通常の重要度で，再現期間475年の地震動（供用期間50年～100年で，非超過確率が10～19％相当）	１）終局限界状態（非破壊要求） 地震後に適切な残存耐力を有し，緊急輸送路としての機能を確保するとともに，点検・補修が容易であること ２）使用限界状態（損傷の最小化） 設計供用期間中に高い確率で起こり得る地震に対して，軽微な損傷で，交通機能を完全に確保するとともに，迅速な補修が可能であること
米国AASHTO	１）一般的な橋：再現期間1000年（供用期間75年で非超過確率７％） ２）重要度の高い橋：より高い地震動を考慮	１）一般的な橋：崩壊しないが，重大な被害，通行規制等も想定．また，部分的あるいは全体の補修・交換も考慮． ２）重要度の高い橋：地震直後に緊急輸送の確保等を必要とする
ニュージーランド Bridge Manual NZS3101	設計再現期間地震動 （再現期間450年）	１）設計再現期間地震動 地震後に緊急車両に対して使用可能であること，原型復旧が可能であること ２）設計再現期間地震動よりも小さい地震動 軽微な損傷のみで，交通機能に影響を与えないこと ３）設計再現期間地震動よりも大きい地震動 崩壊しないこと．応急復旧後に緊急車両が通行可能で，復旧が可能であること（復旧では当初レベルよりも低い耐荷力でもよい）
日本 建築基準法	○２段階の地震動レベル １）中程度の（まれに発生する）地震力（建築物の存在期間中に１回以上遭遇する可能性の高い地震） ・標準層せん断力係数0.2以上（軟弱地盤では0.3以上）またはこれに相当する加速度応答スペクトル ２）最大級の（極めてまれに発生する）地震力 ・標準層せん断力係数1.0以上またはこれに相当する加速度応答スペクトル	○設計地震動レベルに応じた２段階の性能 １）設計地震動１）に対して建築物・建築物の構造耐力上主要な部分に損傷を生じないこと ２）設計地震動２）に対して建築物が倒壊・崩壊しないこと

る可能性の高い中程度の地震に対しては損傷を生じないこと，極めてまれに起こる大規模な地震に対しては，構造物が倒壊・崩壊しないことです．道路橋の場合，道路の役割・重要度に応じてさらに地震後の使用性を考慮したもう１段階上の耐震性能が設定されています．建築物も，確保することが法的に求められる最低限の基準としての位置づけであり，ここには示していませんが，さらに上位の耐震性能も評価できるようになっています．

設計地震動としては，橋梁では，兵庫県南部地震で観測された地震動記録を基本に設計地震動が設定されていますが，通常の建築物では，標準層せん断力係数として1.0以上，あるいは，これに相当する地震力として工学的基盤で設定された加速度応答スペクトルを用いることになっています．これは，橋梁ではプレート境界型の地震として考慮する設計地震動に相当します．ただし，建築物の場合，不静定次数の多い構造特性や兵庫県南部地震における観測データや被害特性から従来から考慮されてきた最低基準としての建築基準法の地震力レベルが妥当として踏襲されている点は，橋脚で上部構造が支持されるように不静定次数が低い橋梁構造とは異なる点といえると思います．

Q４　耐震設計ではどのような地震を考慮するの？

耐震設計で考慮する地震動としては，橋の供用期間中に発生する確率が高い地震動（レベル１地震動）および供用期間中に発生する確率は低いが大きな強度をもつ地震動（レベル２地震動）の２段階の地震動が考慮されます．ここで，レベル１地震動としては，比較的生じる可能性の高い中規模程度の地震による地震動で，従来から震度法に用いる設計震度として用いられてきた地震力が踏襲されています．また，レベル２地震動としては，大正12年（1923年）の関東地震の際の東京周辺における地震動のように発生頻度が低いプレート境界型の大規模な地震による地震動と平成７年（1995年）兵庫県南部地震のように発生頻度が極めて低いマグニチュード７級の内陸直下型地震による地震動が考慮されます．

なお，建設地点の地震情報や地盤条件等を考慮して設計地震動を個別に設定することも，主として長大橋などの重要構造物では行われる場合もあります．

個別地点の設計地震動の設定に関しては，現段階では地震情報や深部地盤構造などの条件が十分に明らかにされている状況にはなく，また，地震動の推定法に関しても現在研究が進められているところもありますので，今後の研究の進展を踏まえながら行われるようになると考えられます．

さて，設計地震動として，レベル１地震動とレベル２地震動の設定がありますが，どうしてこの両者を照査するのでしょうか．大きい地震がレベル２なのだから，そちらだけ照査すればよいのではという考えも出てくると思います．現在は，要求性能として，表-1.2のように求められていますので，これを確実に照査するのが原則となります．どのような条件でも，いずれか一方，例えば，レベル２地震動のみを考慮しておけばレベル１地震動に対する照査が必ず満足できるということであればよいのですが，現状では，レベル１地震動に対する要求性能（弾性変形内）とレベル２地震動に対する要求性能（塑性変形）が異なりますので，より大きいレベル２地震動の方でというように単純ではなく，例えば，周期が長い場合や基礎などではレベル１地震動に対する照査の方が支配的となる場合もあり，双方を照査することが必要になっています．将来，設計の蓄積と設計法の高度化・合理化によって，より簡潔な方向に向かうことも考えられます．

同様に，レベル２地震動には，タイプⅠ地震動とタイプⅡ地震動の２種類がありますが，これをそれぞれ照査するのはどうしてでしょうか．同様に，どちらか大きい方で照査すればよいのではという考えも出てくると思います．これは，タイプⅠ地震動は，プレート境界型の地震を想定していて，大きな振幅が長時間繰り返して作用する地震動であるのに対して，タイプⅡ地震動は，内陸直下型地震を想定し，継続時間は短いが極めて大きな強度を有する地震動であり，その地震動の特性が異なるため，両方の地震動を耐震設計で考慮するという考えです．特に，短周期領域ではタイプⅡ地震動が，長周期領域ではタイプⅠ地震動の方が大きくなっていますので，構造物の規模によってその影響度が変わってきます．また，同じ短周期でも，鉄筋コンクリート橋脚の塑性率の算定や液状化強度の算定法の中に繰返し回数の影響を考慮した安全係数等が地震動のタイプごとに設定されていて，これによる影響もありますので，現状では双方を照査することが必要とされています．

〔参 考 文 献〕

1）(社)日本道路協会：既往の道路橋示方書類
2）(社)日本道路協会：道路橋示方書Ⅴ耐震設計編（1990，1996，2002，2012）
3）(社)日本道路協会：道路震災対策便覧（震前対策編）（2007.3）
4）兵庫県南部地震道路橋震災対策委員会：兵庫県南部地震における道路橋の被災に関する調査報告書（1996.12）
5）川島一彦：耐震工学，鹿島出版会（2019）
6）CEN: European Committee for Standardization: Eurocode 8, Part 2: Bridges, ENV 1998-2（1994）
7）ATC/MCEER: Recommended LRFD Guidelines for the Seismic Design of Highway Bridges（2001）
8）New Zealand TRANSIT: Bridge Manual（1995）

1-2 地震の発生と地震動

ここでは，地震の発生と地震動，耐震設計で考慮する地震動に関する基本事項を解説します．

Q5 地震発生と地震波の伝播は？

地震は，地下の震源における断層のずれ破壊によって発生した振動が地中を伝播していくという現象です．図-1.1にそのイメージを示します．この揺れが地表に到達すると，地盤が揺れ，地盤上に構築されている構造物やその中の人も揺り動かされることになります．地震によって生じる地盤の振動を「地震動」と呼びます．

なぜ地震が起こるか，すなわち，なぜ断層のずれ破壊運動が生じるかですが，これは地球の表面を覆う地殻（プレート）がその下のマントルの対流によって移動し，プレートの境界部において，移動によって蓄積されたひずみエネルギーが断層のずれ破壊によって急激に解放されることによるというメカニズムです．プレートの強制変位によって蓄積された応力が地殻内の岩盤の抵抗を超えると断層面で破壊が起こり，その破壊現象による揺

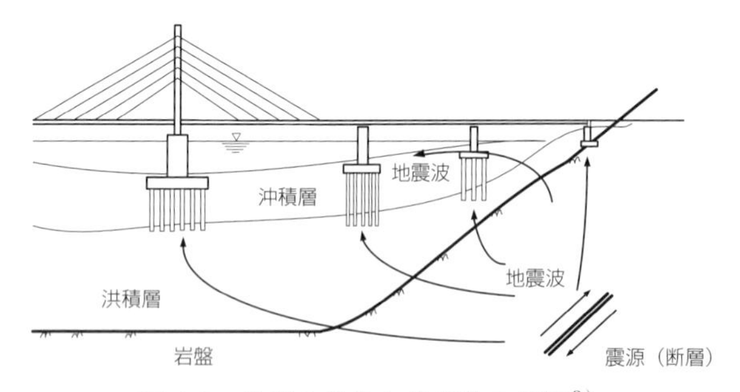

図-1.1　地震の発生と地震動の伝播[3)]

れが伝わって地表に達するというものです．断層のずれ破壊はある速度を持って生じる動的な現象であり，その揺れは時間とともに変化する地震波となって地中を伝播していきます．

日本列島は，太平洋プレート，ユーラシアプレートと北米プレート，そしてフィリピン海プレートがちょうど交差する位置にあります．太平洋側の海溝などで日本列島の下にプレートが沈み込んでいます．このようなプレート境界で発生する地震を「プレート境界型の地震」と呼び，我が国では主として海岸域において発生することが想定される地震です．一方，平成７年（1995年）の兵庫県南部地震は，プレート内において内陸の活断層の活動によって生じたもので，「内陸型の地震」と呼びます．内陸の地震ですので，断層の直上に都市があれば，兵庫県南部地震のように甚大な影響を及ぼす地震となる可能性があります．

地震は断層のずれ運動で生じますので，その断層面の大きさや位置，ずれ方によってその揺れの特性は異なってきます．例えば，断層のずれ方向には，「縦にずれる断層」，「横にずれる断層」があり，そのずれ方でも地震動の伝播特性は変わります．兵庫県南部地震は，横にずれる断層の破壊によるものでした．

さて，地震の際に，ずんずんと突き上げられるような縦揺れと，横に揺さぶられる横揺れを感じたことがあると思います．突き上げられる地震を感じた場合には，次に大きな横揺れがくるかもしれないという気構えをするでしょう．これは震源で発生した断層破壊による地震波が伝播する際，密度が圧縮・引張に変化する縦方向の振動の伝播速度が速く，せん断横方向の振動の伝播速度はこれよりも遅いという地盤の特性によるものです．前者をＰ波（Primary），後者をＳ波（Secondary）と呼びます．突上げ振動後の横揺れまでの時間が短ければ震源が近い，逆に横揺れまでの時間が長ければ遠い地震だと予測します．雷の「ぴか・ごろごろ」の光と音の伝播速度の相違と同様です．

地震波は地盤中をある速度で伝播してきますので，震源から遠い地点ほど到達するまでに時間がかかることになります．また，揺れは徐々に拡散・減衰していきますので，遠い地点の揺れは一般に小さくなります．さらに高度な分析評価がなされていますが，気象庁の緊急地震速報（地震発生直後に震源に近い地震計でとらえた観測データの分析から各地の揺れの大きさや時間を警報するシステム）や新幹線のユレダス（地震計で観測したＰ波の分析からＳ波が到達する前に警報を発信するシステム）もこのような地震波の特性を使っています．

どの程度の規模の地震がいつどこで起こるのかということを事前に知ることができれば地震防災上非常に有効であるのは言うまでもありません．しかしながら，プレート境界型の地震のようにある期間をおいて過去に繰り返し起きていることが明らかにされている地震もありますが，一般にその予測は難しい状況です．我が国で知られている活断層は全国に2,000以上あり，地域によって断層の分布の粗密はありますが，日本全国どこでも地震は起こり得る可能性があるというのが実情です．

Q６　震度とマグニチュードの違いは？

「橋は震度いくつまで大丈夫なのですか？」という質問を聞くことがあります．「道路橋では震度1.5～2.0が考慮されています」と議論がかみ合わないこともあります．前者は，地震の強さを表す尺度として，地震の直後にテレビやラジオから各地の震度として気象庁が発表する震度階級です．もともとは，揺れによる恐怖感や振動下での行動性などの人間の体感や，家屋などの被害状況が基本となって決められており，地震の強さの程度を大まかに周囲の振動現象や被害の発生との関係として表すものです．現在は，震度計による観測データに基づき，震度０～７の10段階に区分されています．兵庫県南部地震当時は，震度計による評価ではありませんが，史上初めて階級上最大の震度７の被害が観測されました．その後，平成16年

(2004年) の新潟県中越地震において川口町で震度7が観測されました．

一方，後者の「震度」ですが，これはご承知のとおり構造物の設計に用いる「震度」です．この震度は，地震動による構造物の揺れの加速度を重力加速度で除して無次元量としたものです．F1カーやアクロバット飛行などで，身体が○Gで押さえつけられるというのと同じ指標で，地震時に構造物に作用する力が構造物自身の重量の何倍相当になるかということを表します．兵庫県南部地震では，構造物の特性や地盤条件によって異なりますが，1.5～2.0程度の震度が作用したと推測されます．このような地震力に対して設計するということは，自分の重量の1.5～２倍に相当する横力に対して抵抗できるようにするということになります．

地震によって構造物に作用する力を「慣性力」といいます．例えば，電車が動き始めるときには，電車に乗っている人は進行方向と逆向きに引っ張られます．これは進行方向と反対方向に力を受けるためで，この力が慣性力です．電車が一定速度で運行しているときは，加速度0となりますので，力を受けません．ブレーキをかけて停車し始めるときには，進行方向に引っ張られることになり，逆方向の慣性力を受けることになります．

地震時には地面が揺れますが，電車に乗っている人と同じように，地上の構造物は地面の揺れと反対方向に力を受けることになります．地震動は，正負，あるいは水平方向，上下方向の３次元的に作用しますので，構造物への慣性力も時々刻々方向を変えながら３次元的に作用することになります．

さて，質問の「震度いくつまで大丈夫ですか？」，あるいは「設計で考慮しているレベル１地震動，レベル２地震動は震度いくつなのですか？」ですが，上記のとおり震度自体がもともと揺れの程度を表す大まかな指標で，個別の現象や被害を表すものではありませんので，「答えられません．震度との関係を正確に示すことが困難です」ということになります．特に，震度７の場合は上限のない無限大の揺れも含むことになりますので，「震度7でも大丈夫」などということはあり得ないことになります．正確に説明しようとしますと，例えば，設計上「震度7の揺れが発生した地点で観測された○○の地震動記録に対して，○○（ひび割れ，降伏，剥離，・・・）程度の損傷が生じることを想定している」というように具体的な説明が必要になるでしょう．

もう1つの地震に関する単位，マグニチュード（Mと略します）ですが，これは地震の規模を表す指標に用いられます．ある任意の地点の揺れの程度を表す「震度階級」とは異なり，地震が発生するエネルギーの大きさで地震固有の規模を表すものです．我が国では一般に気象庁によるマグニチュードが用いられ，関東地震はM7.9，兵庫県南部地震はM7.3です．地震のエネルギーを表すマグニチュードが1異なるとエネルギーとしては約30倍異なることになり，M8の地震はM7の地震約30回分ということになります．エネルギーが30倍になると，ある地点の揺れの強さも30倍になってしまうということではありませんが，それだけ広い範囲を振動させるエネルギーを持っているということになります．

Q7　地震動の表し方は？

地震動は，断層から発せられた揺れの波が地表に伝播し，地面が時々刻々と揺れる動的な現象です．このような地震動を表す単位としては，その地点における変位，速度，加速度とし，それが時間とともにどのように変化するかを示す時間の関数として表されます．これらの諸量の時間変化を「時刻歴波形」といいます．

速度は単位時間あたりの変位の変化率，同様に加速度は時間あたりの速度の変化率を表します．単位は，長さと時間の関係で，例えば，変位：cm，速度：cm/s，加速度：cm/s^2となり，加速度はcm/s^2と同じ意味でgalという単位も用いられます．

図-1.2は，兵庫県南部地震の際に観測された時刻歴波形の一例を示したものです．この地震波から，最大加速度や振動の強い部分の継続時間，さらに振動の周期特性を読みとることができます．この地震波の形状は，地震の規模や特性，観測地点の地盤条件によって異なります．耐震設計上は，このような地盤の振動に対する構造物の挙動，すなわち，「応答」が重要となります．

構造物の設計は，構造物に作用する力，すなわち，質量と加速度の積として求められる「慣性力」によって発生する断面力や変位などに基づき行われますので，地震動を表す際には慣性力に直結する加速度が多く用いられます．

ところで，地面の揺れの強さが時々刻々変化するだけではなく，ガタガタと細かく揺れたり，ユサユサと大きく揺れたり，揺れ方も異なります．これは地震波に，早い揺れ，遅い揺れなどいろいろな特性の波が含まれるためです．このような地震動の特性を表すもう１つの非常に重要な方法と

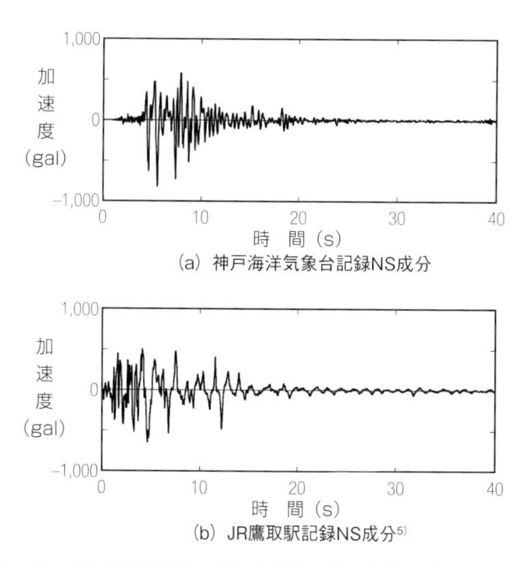

図-1.2　時刻歴波形の例（平成７年兵庫県南部地震）

してスペクトルがあります．スペクトルとは，地震動がどのような周期（振動数）の成分を含んでいるかを表す方法です．

構造物は，それぞれ固有の揺れやすい周期を持っています．これを固有周期といい，構造物の振動特性を表す基本指標です．単位は秒です．構造物は，その固有周期に近い周期の振動を加えると，他の周期で振動を作用させる場合よりも揺れが大きくなります．地震の際も同様で，例えば，地震動の周期と構造物の固有周期が近いと，構造物の揺れは大きくなります．このように，スペクトルとは，地震動に対して，構造物がどの周期で揺れが大きくなるかという地震動と構造物の相性を理解できる指標になります．

スペクトルの１つとして加速度応答スペクトルがあります．前述のように慣性力に直結する加速度が用いられることから，設計地震動は加速度応答スペクトルとして与える場合が一般的です．「加速度」によって構造物の「応答」の周期特性を示す「スペクトル」ということです．

加速度応答スペクトルは，構造物の地震時挙動評価の基本になりますので，これが理解できれば後は複雑な構造物でも同様なので，その求め方を少し詳しく示します．加速度応答スペクトルは，種々の固有周期を有する構造物（１つの質量を有する振動モデルで，これを「１質点振動系」と呼びます）に，ある地震動を作用させた場合の最大応答値を求め，これと構造物の固有周期の関係をプロットしたものです．構造物の周期に関係する質量と剛性のほかに構造物の減衰定数がパラメータになります．ちなみに，加速度応答の最大値を求めたものは，「加速度応答スペクトル」と呼び，速度あるいは変位の最大値を同様にプロットしたものを，それぞれ，「速度応答スペクトル」，「変位応答スペクトル」と言います．

加速度応答スペクトルは，まず，図-1.3(a)のように，計算上の振動台上に１質点振動系の構造物を並べます．ここでは，これらの固有周期をT_1，T_2，T_3，減衰定数はいずれもh_1とします．次に，ある地震波でこの振動台を

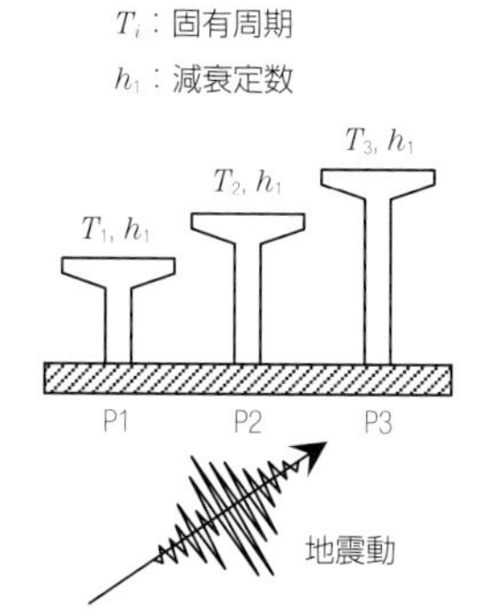

(a) 減衰定数一定，固有周期の異なる１質点振動系群

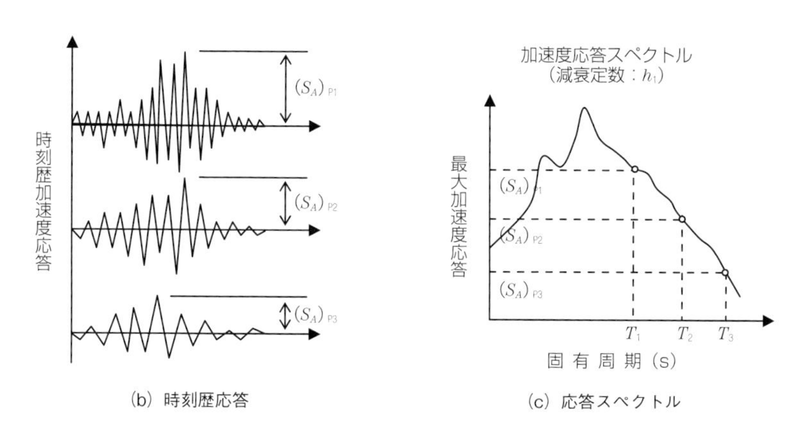

(b) 時刻歴応答　　(c) 応答スペクトル

図-1.3　加速度応答スペクトルの求め方[3), 4)]

揺らすと，それぞれの構造物に対して図-1.3(b)のような時刻歴加速度応答が求められます．これらの最大応答加速度 $(S_A)_{P1}$，$(S_A)_{P2}$，$(S_A)_{P3}$と，構造物の固有周期T_1，T_2，T_3の関係をプロットすると図-1.3(c) のように応答スペクトルが３点で得られます．さらに，固有周期の異なる多くの１質点振動系に対して同様の作業を行うと，減衰定数h_1の加速度応答スペクトルの曲線を得ることができることになります．減衰定数h_1としては一般に

５％を用いる場合が多いのですが，異なる減衰定数について同様なことを繰り返せば，同じように求められます．

●どうして応答スペクトルが耐震設計上非常に重要？

それはある構造物の固有周期と減衰定数が与えられれば，その構造物に生じる最大加速度の大きさを加速度応答スペクトルから簡単に推測できるためです．また，前述のように，地震動に対する構造物の揺れやすさの相性を簡単に理解できます．図-1.4は，図-1.2に示した兵庫県南部地震で観測された地震波の加速度応答スペクトルです．最大応答値2,000gal程度，特に周期0.5秒から1.5秒程度までほぼフラットで，広範囲の周期帯域で強い強度を持つ地震動であったと理解できます．ちょうどこの周期は，一般的な橋の周期帯域に一致していて，影響の大きかった地震動であったことが理解できます．

このようなことから，地震が発生し，観測データが得られた際には，真っ先にこの加速度応答スペクトルを作成し，設計スペクトルとの対比を行います．これを見れば，地震による被害の有無を概ね推定することが可能になります．

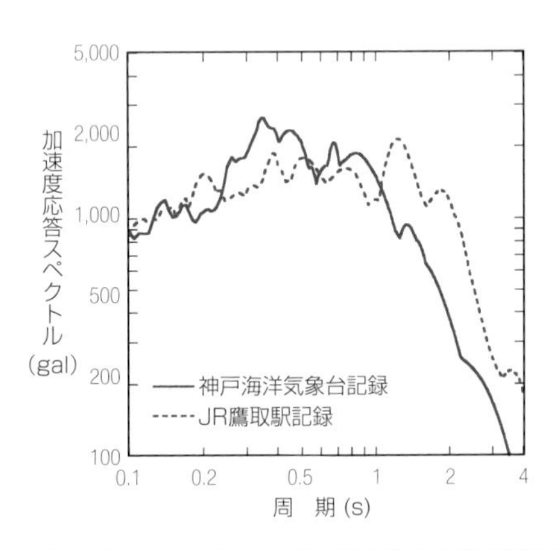

図-1.4　加速度応答スペクトルの例（平成７年兵庫県南部地震）

大きな地震が発生した後には，最大加速度○galが観測，従来の最大加速度の○倍の地震動であった等と発表される場合があります．最大加速度は地面の揺れの強さを表す１つの重要な指標ですが，構造物の周期特性との相性が考慮されていない指標となりますので，構造物の揺れや被害の大きさとは一概には結びつかない場合があります．平成19年(2007年)の岩手・宮城内陸地震では約4,000galという最大加速度が観測されましたが，建物の倒壊などの被害は少なかったところです．最大加速度の大きさだけでは建物などの被害の大きさを推測することが難しいという一例です．

規模や支承条件によって異なりますが，一般的な規模の橋の固有周期は0.5～1.5秒程度です．特に，橋脚が降伏して塑性化していくという周期，概ね１秒を超える周期域での加速度応答スペクトルが大きい場合には，被害の程度も相対的に大きくなる可能性があります．兵庫県南部地震では，最大加速度も800gal程度と大きかったのですが，前述の加速度応答スペクトルで示したように，大きく強い揺れでゆさゆさ揺するという従来の地震では観測されていなかった周期１秒程度での揺れが非常に強かったという地震動特性が被害を大きくした一因となっています．

設計地震動は，加速度応答スペクトルのみならず，設計震度でも表されます．設計震度は，加速度応答を重力加速度で除した無次元量として，同様に構造物の固有周期ごとに与えられます．加速度応答スペクトルは，一般に減衰定数５％として示される場合が多いのですが，長大橋など周期の長い構造物の減衰定数は一般に５％よりも小さくなるため，長周期域の加速度応答スペクトルを減衰定数によって補正した値として設計震度は設定されます．

Q 8　耐震設計で考慮する地震動の決め方は？

設計地震動はどのように決めるのが合理的なのでしょうか．

耐震設計は，架橋地点において供用期間中に発生する可能性のある地震に対して，構造物に対する所定の性能を確保するために行います．したがって，まずは，架橋地点で発生する可能性のある地震を決めることが第一となります．構造物の耐震設計でターゲットとすべき地震の発生が明らかに特定できればいいのですが，地震という現象がまだ十分によく分かっていない現状では，いろいろな考え方が用いられます．

地震の発生の推定について，大きくは確率的に評価する方法と確定的に評価する方法に分けられます．確率的に評価する方法では，各地域における過去の地震発生記録をもとに，その地域で将来のある期間内に，ある確からしさで発生する地震を推定する方法です．ある確からしさで地震が発生するという観点で確率的な評価となります．橋の供用期間を100年としますと，例えば，100年内にこれを超える地震が発生する確率（超過確率といいます）○%の地震，あるいは地震が周期的に発生するとした場合に○年に1回発生する地震（再現期間○年の地震ともいいます）というような表し方をします．

一方，確定的な方法とは，発生する地震を特定し，その地震が必ず発生する（発生確率100%）と仮定して地震動を決める方法です．

設計で想定すべき地震そのものを，確率的，あるいは確定的に決めた後に，加速度応答スペクトルなどの具体的な設計地震動の評価は同様の方法が用いられます．現状では不確定性の大きい地震という現象に対しては，どちらがより正しい，合理的というものでもありません．

道路橋の例を示します．レベル1地震動およびレベル2地震動の2段階の強度を有する地震動を考慮することは先に述べました．国内の各地域の地震動は，標準値を地域係数（A地域：1.0，B地域：0.85，C地域：0.7等）によって補正して与えられます．

レベル1地震動の標準値は，我が国の地盤上において観測された強震記録から求めた加速度応答スペクトルの統計解析結果に基づき「地盤種別」

ごとに設定されています．地盤種別は，一般に地盤の堅さ，柔らかさによって振動特性が異なることを表すための区分です．地震動は地盤の条件によってその振動特性が影響を受け，地盤が堅いと一般にがたがたと速く，柔らかいとゆさゆさとゆっくり揺れるというイメージです．レベル２地震動のうち，プレート境界型の地震による地震動としては，大正12年（1923年）の関東地震の際の東京周辺での地震動強度の予測値と強震記録の加速度応答スペクトルの統計解析結果に基づき地盤種別ごとに設定されています．内陸直下で発生するマグニチュード７級の地震については，兵庫県南部地震により地盤上で観測された加速度強震記録に基づき地盤種別ごとに設定されています．

このように，道路橋では上記のような地震を標準とし，これに対して地域ごとの相対的な地震危険度を考慮する地域係数で補正して設定する方法で，確定的な方法となります．

●地域係数はどのように設定？

道路橋では，過去千数百年間に我が国で生じた地震の記録に基づく地震危険度に関する研究成果をもとに，工学的に実用性のある地震危険度の地域特性として設定されています．各地域の地震動は，標準値に地域係数を乗じて補正します．地域による差は最大で30％です．過去に地震が発生した記録のない地域では，地震危険度分析上は地震動の期待値は標準値の70％よりもさらに小さくなりますが，地震記録の精度や，活断層における地震は数千年の間隔で発生する可能性もあることなどの不確定性が工学的に判断され，最大でも30％の相違の範囲内で設定されています．

●従来地震がないとしてきた地域で，仮に大きな地震が起こった場合には地域係数を改める必要があるのか？

これは架橋地点で発生が想定される地震を対象とする耐震設計の観点か

ら言えばYesです．地域の地震危険度はある時点での地震データで設定されているので，新しいデータが蓄積されて従来とは異なる新たな知見が得られた場合には，当然これを見直してアップデートしていくというのが基本的な考え方でしょう．ただし，上記のように，現状の地域係数は，もともと地震の不確定性が考慮され，日本全国どこでも地震は起こり得るという観点で地域ごとの差も30％以内に抑えて設定されています．このため，仮に従来地震が起きていない地域で地震が起こったとしても，それですぐに地域係数を変更しなければならないというものではなく，十分な検討が必要となります．

●実際には多様な地盤が存在するのになぜ３種類のみで分類？

地震動は周辺地盤の影響を受けますので，設計地震動には地盤特性が考慮されます．道路橋の場合，設計地震動は３種類の地盤種別で与えられています．

基準によっては，もっと多くの地盤種別で分類している例もありますが，道路橋では，地盤の特性値T_Gで地盤種別を３つに分類します．T_Gは，微小ひずみ領域での表層地盤の固有周期，すなわち，地盤の揺れやすい周期です．なぜ３種類なのかですが，設計地震動は，前述のように多数の強震記録から求めた加速度応答スペクトルの統計解析結果に基づき設定されています．この地震観測記録の統計解析における地震記録の地盤特性分類を３つにしていることに基づいています．地盤の特性は多様ですので，地盤分類をできるだけ細かくするという方法もあると考えますが，その分類ごとの地震動特性のばらつきを考慮すると，いたずらに分類を細かくしても一つひとつの分類のばらつきとの関係で精度が上がることにはなりません．３種類が適切，不適切という議論ではなく，地盤特性に基づく幅のある地震動特性のグルーピングをどれで代表させるかという一つの方法となると考えます．

●大きい記録が観測されたらすぐに設計地震動を変更しなければならないのか？

強震計が全国に数多く設置されるようになって，地震が発生した際には貴重な観測データが得られます．記録の中には，耐震設計で考慮している地震動よりも顕著に大きな加速度記録が観測される場合もあります．

例えば，平成16年（2004年）の新潟県中越地震により震度7を観測した川口町の記録ですが，この加速度応答スペクトルを見ると，周期1秒程度では設計地震動のレベルを超える非常に強いものとなっています．このような場合には，まずは観測記録を十分に吟味検討することが重要と考えます．実際に観測されたのか，強震計周辺地盤の局所的な影響を受けていないか，ある程度広範囲の地域で同様の記録が観測されているか，周辺の被害が地震動強度に相当しているか，などです．

前述の川口町の強震計では，東西方向と南北方向の揺れの強さが大きく違いました．これは断層近傍で局所的に複雑な地震動となったことも考えられます．また，強震計にすぐ隣接する鉄筋コンクリート造の川口役場の庁舎の被害が軽微であったという事実もあり，このような点を十分吟味していくことが重要と考えています．

地震のたびに，なぜ被害が起きたのか，あるいはなぜ被害が起きなかったのかを検討することが重要です．地震動は，周辺の地形，地盤の影響を受けますので，統一的に設定する設計地震動としては実務的に安全側の精度の範囲で設定し，同時に構造設計側で安全率やリダンダンシーにより十分配慮するという現状の方法が一つの方法と考えています．

Q9　地震動特性と組合わせ荷重は？

地震現象は3次元的であり，構造物は水平面内2方向および上下方向の振動の影響を受けます．しかしながら，設計上は，橋軸方向，橋軸直角方向，それぞれ独立に地震力を作用させて照査が行うのが一般的です．

●２方向地震，上下方向地震を考えないのか？

これは考慮しないのではなく，基本的にはその影響を考慮するということになります．ただし，設計照査上は，その影響度や精度，知見の充実度に応じて，具体的，直接的に照査するかどうかが設定されています．

２方向地震については，２方向の慣性力が同時に最大値で作用する可能性の低いこと，鉛直方向の地震動については，橋の下部構造や上部構造に影響を及ぼす影響が小さいことから照査上は直接的には考慮しないのが一般的です．また，設計実務上，複雑なことをしない代わりに，所定の安全率を確保するということも考慮されています．

鉛直方向の地震動の影響が大きくないのは，もともと，橋は重力に対して抵抗している部材であり，また，例えば下部構造が常時支持する圧縮応力度は圧縮強度の1/20程度と小さいのが一般的です．仮に１Ｇ相当の鉛直地震動により自重の２倍の力が作用したとしても，その値自体が大きくないということが言えます．大型の模型振動台実験によっても，一般的な橋脚の条件では，鉛直地震動の影響は大きくないことが分かっています．このため，鉛直方向の地震動の影響を受けるような特殊な構造や，上下部構造の支点部となる支承部を除いて，設計照査上は考慮しないのが一般的です．

地震現象に対して厳密にその挙動を解明するためには，影響の有無にかかわらず外的な条件を忠実に考慮することが前提になりますが，設計は挙動を解明する作業ではありません．このためさまざまな現象を考えていないということではなく，実務的には影響が小さいものは直接的には考慮しない，あるいは安全余裕の中で見込むという工学的な判断を加えていることになります．

●長周期地震動の影響は？

長周期地震動は，一般には周期２秒程度を超えるゆっくりした地震動のことをいいます．平成15年（2003年）の十勝沖地震では，震源から300km離れた苫小牧市の石油タンクの浮き屋根が損傷し火災が発生しました．この地域の地盤構造により卓越する地震動の周期と被災した石油タンクのスロッシング振動の固有周期がともに約７秒で，共振して振動が大きくなったことが原因です．また，平成16年（2004年）の新潟県中越地震の際には，震源から約200km離れた東京六本木ヒルズの超高層ビルのエレベータで，主ロープが切断するなどの損傷を生じました．地震を感知してエレベータを自動停止させる装置は，ゆっくりした長周期地震動のため揺れに反応しなかったそうです．

長周期地震動は，このように遠方の構造物で，地盤の揺れは大きくなくても，その固有周期に近い周期で何度も繰り返し揺すられると，揺れが増幅していくという共振現象を起こす可能性があります．支間長200m以下の一般的な橋の固有周期は２秒程度以下ですので，周期が２～20秒といわれる長周期地震動による影響は一般に大きくないと言っていいと思います．それよりはより周期の短い強い揺れの方の影響が大きいと言えます．

一方，支間長200mを超える長大橋は，超高層ビルと同様に固有周期が長くなりますので，卓越周期が長い地震動により共振する可能性があります．ただ，通常，長大橋の耐震設計にあたっては，個別に技術検討委員会等が設置され，橋梁ごとに耐震安全性の検討が実施され，長周期地震動に対する影響も含めて個々の橋の条件に応じて検討が行われるのが一般的です．

●地震荷重と組み合わせる他の荷重は？

地震作用と組み合わせて考慮すべき別の作用や荷重ですが，その作用や荷重が地震時に同時に発生するかどうかによって考慮するというのが基本的な考え方となります．通常，死荷重や土圧や水圧等常に作用する作用や荷重は当然考慮され，地震荷重と組み合わせて設計照査が行われます．

ここで，車両等の活荷重ですが，道路橋では一般にはこれを考慮しないこととされています．これは活荷重満載と地震の同時発生確率は小さいと考えられることが基本的な考え方となっています．

一方，慢性的に渋滞するような橋では，活荷重も同時に考慮すべきであるという見解もありますが，どのような条件でどの程度の活荷重を考慮すべきかを決めるための研究が十分ではないこと，仮に車両が橋上にあった場合に車両が橋の振動に及ぼす影響が必ずしも顕著ではないことなどが考慮されています．今後こうした現象に関する研究の進展により，車両振動の影響を明確にしたうえで，より精度の高い評価を行うことができるものと考えます．

●施工時の地震荷重の考え方は？

構造物の構築には，架設ステップを踏み，当然時間がかかります．例えば，張出し架設工法など，完成時よりも工事中の方が構造的に不安定な状態となる期間もあるところです．このような工事中の耐震設計の考え方はどのようにすればいいのでしょうか．

完成後の構造物の供用期間に比べると工事期間は短時間になりますので，大きな地震に遭遇する確率は相対的には小さいことになります．現状では，具体的な施工時の地震荷重を決める一律の基準はありませんが，基本的な考え方としては，施工期間内における工事関係者や周辺住民の安全確保等，施工時の安全性の確保を最優先の目的として，必要な検討を行ったうえで設定することになります．ここでは，架橋地点において，工事期間内にどの程度の規模の地震に遭遇する可能性があるか，さらにそれに対して工事の中でどこまで担保するかというリスク評価が重要になると考えます．

Q10 個別サイトごとの地震動の推定は？

長大橋などの重要構造物では，架橋地点の地震情報を考慮して設計地震動を個別に検討，設定する場合もあります．「断層モデル」や「震源モデル」を考慮して個別に設定した地震動は，「サイト波」と呼ばれます．このようなサイト波として，設計上想定する地震断層の位置と規模，その破壊特性，断層位置から架橋地点までの距離や地盤構造，そして架橋位置周辺の地盤特性を考慮して地震動を設定する方法が提案されています．

道路橋では，特に設計地震動を上回る可能性の検討など，過去の地震情報，活断層情報等を考慮して建設地点における地震動を適切に推定できる場合には，これに基づいて設計地震動を検討することも示されていました．その一つの方法が，上記の断層モデルを用いた方法で，断層条件（断層の長さや幅，傾斜），地震の大きさ，主な破壊面（アスペリティといいます）を仮定し，そこで破壊を生じさせて，建設地点で発生する揺れを推定する手法です．このような方法にはいくつかの方法がありますが，現在もなお，研究途上にあるところです．地震動の推定において考えておくべき事項としては以下のような点があると考えます．

①予測手法自体の精度

実際の現象をどこまでの精度で再現できるのか

②数多いパラメータの設定精度

地震発生のシナリオに応じてそれぞれのパラメータをどう設定すればよいか，そしてそのばらつきの範囲はどこまで考慮すればよいか．主な破壊面の位置や断層の破壊パターンなど予測できないものはどこまでパラメータ分析を行うべきか

③分析結果の評価

パラメータを変化させた多くの解析結果からどれを用いるのがよいのか

また，最も基本的な事項としては，伏在断層など断層が確認できない地域ではどのように地震動を設定すべきなのかも考える必要があります．新潟，能登，岩手，宮城で発生した最近の地震は過去に断層が確認できていない地域で発生したとされており，設計的には，いくつかの方法を併用するなどこうした点にも十分な配慮が必要と考えます．

断層モデルを用いた手法は，今後有効になっていくと考えられ，更なる研究が必要となるでしょう．

〔参 考 文 献〕

1）(社)日本道路協会：道路橋示方書Ⅴ耐震設計編（2002.3）
2）国土交通大学校：道路構造物設計研修テキスト（耐震設計）（2008）
3）(財)土木研究センター：橋の動的耐震設計法マニュアル（2006.5）
4）大崎順彦：地震動のスペクトル解析入門，鹿島出版会（1985）
5）Nakamura, Y.：Waveform and its analysis of the 1995 Hyogo-ken Nanbu earthquake, JR Earthquake Information No. 23c, Railway Technical Research Institute, Japan（1995）

第 2 章

耐震性能の照査の基本

土木研究所において実施された鉄筋コンクリート橋脚の破壊メカニズム解明のための振動台実験.
模型実験によって，実際の橋脚の段落し部の曲げせん断破壊モードを再現.

2-1 限界状態と地震時保有水平耐力法

ここでは，橋の限界状態の考え方，橋の地震時挙動の推定と性能照査，静的照査法（地震時保有水平耐力法）に関する基本事項を解説します．

Q11 限界状態って何？

●目標とする橋の耐震性能をどのように実現するのか？

道路橋示方書[1)]に規定される「耐震性能２」は，「地震による損傷が限定的なものにとどまり，橋としての機能の回復が速やかに行い得る性能」ですが，これを構造設計で実現するためにはどのようにしたらよいでしょうか．

このような目標を実現するためには，個々の橋の条件に応じて，耐震性能を満足し得る「橋の状態」を特定する必要があります．すなわち，設計者として，これから造ろうとしている橋を地震時にどう挙動させたいか，設計で想定する地震力が作用した時に橋を「どういう状態以内」に保っておきたいかを決めることです．これは，一連の橋の耐震設計行為の中で，基本中の基本であるとともに，耐震性に配慮された優れた橋を設計する際の設計者の腕の見せどころの一つだと思います．

地震時に「どういう状態以内」に保っておきたいかの境界が耐震設計上の「限界状態」であり，地震時の橋の挙動が限界状態を超えると目標とする耐震性能を満足できなくなる，逆に限界状態以内であれば耐震性能を満足できるということになります．大地震時でも橋を弾性挙動範囲内に保ち，損傷を生じさせない橋が実現できればベストですが，一般的な橋の場合には，大地震時には損傷を許容し，これによってエネルギー吸収を図り，地震に抵抗する「じん性設計」を適用しています．

次に,「耐震性能」を満足する「限界状態」を具体的にどう決めるかです. 道路橋示方書では, レベル２地震動に対して耐震性能２を確保するための限界状態は,「塑性化を考慮した部材にのみ塑性変形が生じ, その塑性変形が当該部材の修復が容易に行い得る範囲内で適切に定める」とされています. 塑性化, すなわち, 損傷を考慮しエネルギー吸収を図る部材は, 個々の橋の架橋条件, 構造条件に応じて, 安全性（落橋に対する安全性), 供用性（地震後の通行機能), 修復性（損傷の発見や生じた損傷の修復の容易さ）を考慮して設定します. 損傷を考慮する部材では, ねばり強く, 確実にエネルギー吸収を図ることができるようにするとともに, 点検などのアクセスを含めて修復を行うことができるような部材と部位を選定します.

耐震性に十分配慮された橋を設計する際には, この限界状態の設定が最も基本であり, 想定する挙動や損傷モードを確実に実現し, 損傷部材に対して十分なねばり強さとある一定以上の耐力さえ確保できれば, その時点で耐震設計としてはほぼ完了と言っても過言ではないくらい重要です.

図-2.1は, 単純な橋に対する各部材の限界状態の設定例を示したものです.

まず, 塑性化を考慮しエネルギー吸収を図る部材としては, 点検や損傷時の修復可能性も考慮し, この例では地震時の曲げモーメントが大きくなる橋脚基部を選定しています. 基部以外の橋脚躯体や, 上部構造や支承,

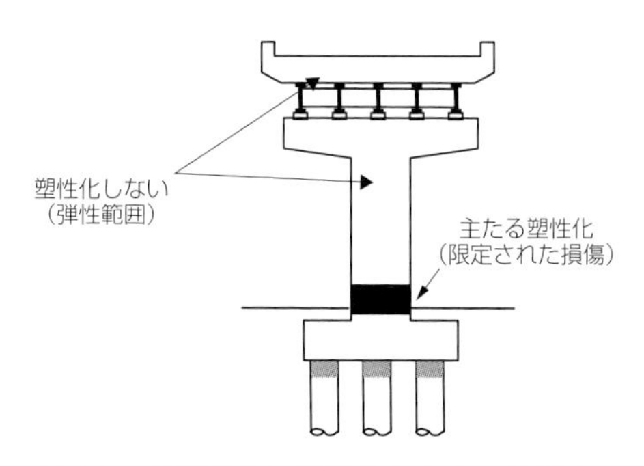

図-2.1　橋脚基部に塑性化を考慮する場合の橋の限界状態の例（耐震性能２）[1)]

基礎等についてはその挙動をほぼ弾性範囲内とし，損傷を制限した限界状態を設定しています．

塑性化を考慮する部材を橋脚基部だけではなく，基礎や支承等の部材にも分散させた方が個々の部材の損傷程度を軽減でき，橋全体としてのねばり強さが向上するのではという考えもあります．しかし，1つの部材が損傷して耐力低下が起きてしまうと，その弱点部だけで損傷が進展してしまうなど，実際の構造物において各部材の損傷程度を厳密に分散制御することは容易ではない点もあり，現状では塑性化を考慮する部材を限定し，安定して確実にエネルギー吸収を図ることができる損傷モードに誘導するという考えになっています．

●キャパシティデザインとは？

上部構造，支承，橋脚，基礎等の部材で構成される橋全体の損傷状態を制御する設計の考え方を「キャパシティデザイン」と言います．「損傷制御設計」とも呼び，部材間の耐力を階層化させて橋全体としての損傷モードをコントロールする考え方です．

図-2.2は，キャパシティデザインの考え方の説明によく用いられますが，直列に結ばれた鎖があり，連結された鎖全体として地震力に抵抗する構造イメージです．個々の鎖は力を伝達する部材で，橋でいえば，上部構造や支承，橋脚，基礎などに該当します．例えば，橋脚とした鎖の強度が他の

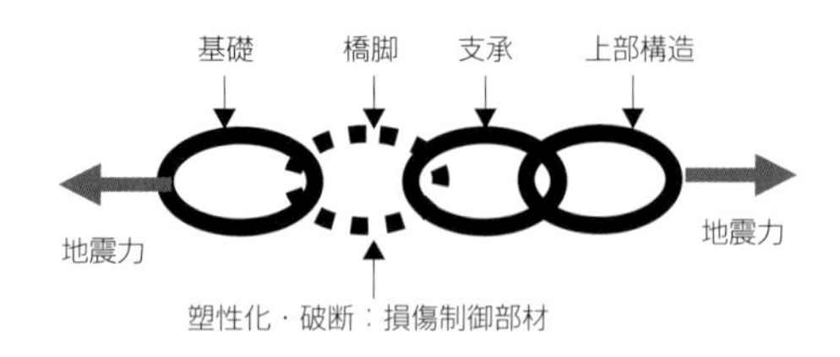

図-2.2　部材耐力の階層化による損傷制御（キャパシティデザイン）

鎖の強度に比較して一番低い場合には，地震力がその強度を超えた時点でこの鎖に損傷が先行することになります．一方，強度がこれよりも大きい他の鎖には損傷が生じないことになります．このように構造全体の中で強度を階層化することにより，想定どおりの塑性挙動に誘導するというものです．

ある特定の部材を損傷させて他の部材を守るというのは，まさに「ヒューズ・遮断」的な考え方です．この損傷部材を単純に破断・遮断させるのではなく，ねばり強いものにしておき，損傷が先行する鎖で変形と地震エネルギーを吸収するというのが「じん性設計」の考え方です．

●損傷部材の耐震性能は？

損傷を誘導する部材は，目標とする耐震性能を実現するためにどの程度の損傷まで許容できるのでしょうか．図-2.3は，鉄筋コンクリート橋脚の載荷実験を例にとって，損傷の進展と耐力・変形特性の関係を示したものです．

鉄筋コンクリート橋脚の場合，その破壊モードには，大きく「曲げ破壊型」と「せん断破壊型」があります．

せん断破壊型は，写真-2.1に示すように，断面内に斜めのひび割れが貫通して急激に破壊するモードです．平成７年（1995年）の兵庫県南部地震で倒壊等の甚大な被害に至ったものはせん断破壊型がほとんどです．

一方，曲げ破壊型は，軸方向鉄筋の降伏後損傷が進展し，最終的には写真-2.2のようにかぶりコンクリートの剥離や鉄筋のはらみ出しを生じます．せん断破壊型のように急激には破壊しないで，一般にねばり強い特性を示すので，耐震設計上は曲げ破壊型とするのが基本です．

曲げ破壊型の鉄筋コンクリート橋脚の地震時の破壊特性は，一般に軸方向鉄筋の降伏が生じるまでは損傷としてはひび割れ程度で，ほぼ弾性的な挙動を示し，その後軸方向鉄筋の降伏を超えると抵抗力はほぼフラットと

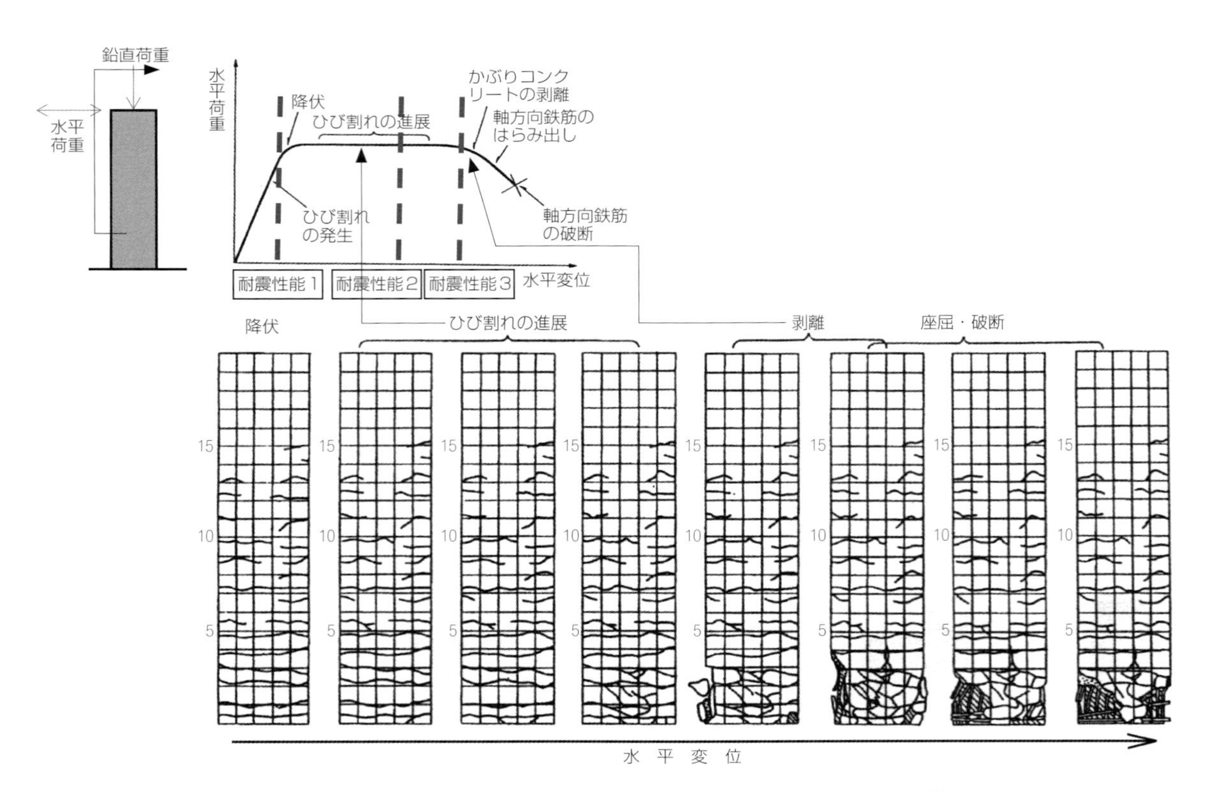

図-2.3　曲げ破壊型の鉄筋コンクリート橋脚の耐震性能と損傷特性[2)]

写真-2.1　鉄筋コンクリート橋脚のせん断損傷例

写真-2.2　鉄筋コンクリート橋脚の曲げ損傷例

なり，変位の増大とともにコンクリートの損傷が進展します．変位があるレベルを超えると，最終的には，コンクリートが剥離・圧壊，軸方向鉄筋のはらみ出し，破断によって抵抗力が低下し破壊に至ることになります．

このような耐力・変形特性を考慮すると，健全性を確保する耐震性能1は軸方向鉄筋の降伏前，橋として致命的にならない耐震性能3は抵抗力が低下し始める前，耐震性能2は耐震性能3よりも損傷がさらに限定的な状態として設定することができます．

ここでは，鉄筋コンクリート橋脚の例を示しましたが，鋼製橋脚，支承，基礎についても全く同じ考え方で，実験等に基づくそれぞれの塑性域における損傷と耐力や変形特性に応じて限界状態が設定されています．

Q12 性能照査方法とは？

橋の耐震性能の照査は，地震時の橋の挙動が橋の限界状態を超えないことを照査することにより行います．具体的には，地震時の橋の挙動を表す橋の各部に生じる最大応答値が限界状態を表す許容値以下となっているかどうかを照査することになります．最大応答値や許容値は，断面の耐力，応力度，あるいは変位といった物理指標で表します．

耐震性能の照査方法としては，「静的照査法」と「動的照査法」という2つの方法が一般に使われます．

静的照査法は，動的な作用力である地震力を静的な作用力に置き換えて，それを作用させたときの変位や断面力を算定し許容値と照査する方法です．一方，動的照査法は，橋を動力学的にモデル化して時々刻々の変位や断面力を追跡しながら最大応答値を算定し，同様に許容値と照査する方法です．

両者の方法は，最大応答値を求める解析方法（静的解析，動的解析）に相違があるだけで基本的な考え方は全く同じです．それぞれの解析法に用いられるモデルには仮定条件があり，地震時の橋の挙動の複雑さに応じて二者を使い分けることが必要とされます．

静的解析法は，橋の１次の固有周期に相当する設計震度（設計加速度応答スペクトルを補正して重力加速度で無次元化したもの）を求め，これを水平方向の地震力として作用させて橋に生じる応答値を算定する方法ですので，１次振動のみを考慮した動的解析法と言うこともできます．１次振動のみを考慮するという仮定が，本方法の適用上の一つの制約条件になり，例えば，複数の振動モードが応答に寄与するような複雑な構造の場合はその適用性が低下することになります．

●静的照査法，動的照査法，どちらを優先すべきか？

一般には，動的照査法は，各種の橋の構造に対して汎用的に適用可能で，地震動波形に対する時刻歴の挙動をより正確に推定することが可能です．ただし，橋全体をモデル化するためにモデルが大きくなったり，設定パラメータが増えたり，コンピュータでの解析が必要となりますので，解析結果が適切に求められているかどうかのチェックについて専門的な知識が必要とされるなどの留意点があります．

一方，静的照査法は，基本的に動的照査法による結果を近似できる一つの簡便法ですので，一般にはある精度内で大きめの最大応答値を与える傾向を有しますが，簡便ですので解析結果のチェックも容易などのメリットがあります．

さて，どちらを優先すべきかですが，これは設計者の判断になるところで，道路橋示方書では，「動的照査法は，地震時の挙動が複雑ではない橋に対しても適用することができるが，一般には静的照査法による照査で十分である」とされています．

Q13 地震時保有水平耐力法とは？

静的照査法の代表例として用いられる「地震時保有水平耐力法」は,「構造物の塑性域の地震時保有水平耐力や変形性能，エネルギー吸収を考慮して静的に耐震性能の照査を行う方法」です．地震動に対する時々刻々の応答値の算定はしませんが，最大応答値を簡便に推定し，これと許容値との比較によって照査を行う方法です．

地震時保有水平耐力法における最大応答値の算出方法として「エネルギー一定則」という方法が用いられますので，これを解説したいと思います．

図-2.4は，橋に作用する水平力と水平変位の関係を簡単に示したものです．橋が弾性挙動する場合には，橋に弾性応答地震力P_E（$=k_h \cdot W$：橋の重量W, 設計水平震度k_h）が作用すると，これに相当する弾性応答水平変位δ_E（A点）が生じます．

一方，橋脚基部で降伏が生じますと，変位δ_y（C点）以降は，橋脚の水平力は降伏水平耐力P_yで頭打ちになって変位のみが増大するように挙動します．これを非線形挙動と呼び，このような非線形挙動による最大応答値

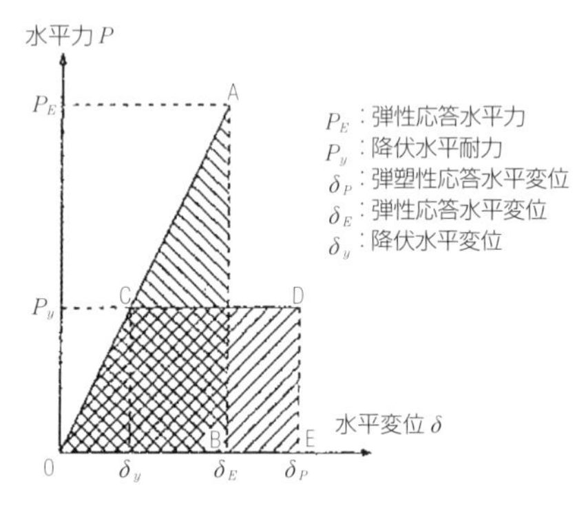

図-2.4　エネルギー一定則による非線形最大応答値の算出[1)]

を簡便に推定する方法が「エネルギー一定則」です．この方法は，文字どおり，橋に弾性応答水平変位δ_E（同A点）が生じた場合と弾塑性応答水平変位δ_P（同D点）が生じた場合のひずみエネルギーが等しいという仮定に基づくものです．すなわち，図-2.4で△0ABと□0CDEの面積が同じと仮定することであり，この仮定から最大応答値δ_P（D点）は以下のような非常に簡単な式で求められます．

$$\delta_P = 1/2((P_E/P_y)^2 + 1)\delta_y \quad (1)$$

弾性応答地震力P_Eは，設計震度k_hを求めれば簡単に計算できますので，P_Eから非線形応答変位δ_Pが式（1）のような非常に簡単な式で求められるというのはすごい提案です．弾性応答と非線形応答で最大応答値が生じた際のひずみエネルギーが等しいという仮定は，地震波形や構造物の特性によりばらつきが生じ厳密には成り立たないのですが，この手法のシンプルさに比較して十分過ぎる精度で求められることが経験的に知られています．

そして，このようにして求められた橋の最大応答値が性能を満足できる許容値以下となっているかどうかを照査することになります．前述のように，鉄筋コンクリート橋脚の場合には，せん断破壊型と曲げ破壊型の破壊モードに応じて性能照査を行います．せん断破壊型の場合は，一般に弾性状態でも地震力がせん断耐力を超えると急激に破壊に至ることになりますので，作用する地震力P_Eよりも大きいせん断耐力を橋脚に確保する必要があります．大きな弾性応答地震力に対して抵抗しなければならないことになり，まさに力勝負となります．

一方，曲げ破壊型の場合は，橋脚の最大弾塑性応答変位δ_Pと橋脚の許容変位δ_aによって照査を行います．許容変位δ_aは，図-2.3に示したように耐震性能に応じて設定されますが，その詳細は後述3－1で紹介します．

許容変位の照査のほかに，橋脚に生じる残留変位が許容残留変位以内かどうかも同時に照査します．残留変位を照査するのは，地震後に大きな残留変位が残ると地震後の橋としての供用性や修復性に影響を及ぼすことから，これを制限しようというものです．残留変位を照査するということには，過度に変形性能に頼らず，所定の耐力を確保する「耐力と変形性能をバランスさせる」という考えも入っています．許容残留変位としては，橋脚の高さの1/100が用いられます．これは，兵庫県南部地震で被災した橋では，橋脚の残留変位が橋脚高さの1/60程度または150mm程度以上生じた場合には，残留変位を強制的に修復することが困難で，橋脚の取替えを必要とした事例があったことから，これに余裕をみて1/100が設定されています．

最大応答変位と残留変位を照査し，必要に応じて橋脚の鉄筋や断面を増やし，最終的に満足できる断面となるまで照査を繰り返します．その後，最小鉄筋量の確認や鉄筋の配置などの構造細目を設定して設計照査終了となります．

塑性化を考慮する橋脚以外の支承や基礎等の部材は，図-2.1に示した限界状態に基づき，耐力の階層化を考慮し，塑性化を考慮する橋脚の耐力に相当する力以上の耐力を確保するように設計します．支承部は，地震時に生じる水平力および鉛直力に対して慣性力を確実に伝達できる構造とします．基礎については，地盤中にあり，被害の発見や被災した際の復旧も一般に容易でありませんので，基礎の方に損傷が生じないように橋脚の耐力相当の作用力を作用させて基礎の耐力を確保する設計を行います．

Q 14 プッシュオーバー解析って何？

ラーメン橋のような不静定構造系では，「プッシュオーバー解析」という方法がよく用いられます．

不静定構造系では，支承を介して橋脚で上部構造を支持する一般的な橋と異なり，橋脚基部のみに塑性化が生じるのではなく，複数箇所に塑性化が生じます．プッシュオーバー解析は，図-2.5に示すように，慣性力に相当する静的地震力を一方向に作用させ，これを漸増させながら橋各部の塑性化の進展を追跡するという解析方法です．「一方向に地震力を漸増」させて解析することから，プッシュオーバー解析と呼ばれます．

一方向のみに慣性力を作用させるという仮定の範囲ですが，対象とする構造系のどの部材・部位で損傷が先行し，進展していくか等，橋全体の損傷モードとその耐力，変形特性を求めることができますので，複雑な構造系の弾塑性挙動を分析するうえで非常に有効な手段となります．

図-2.6は３径間連続ラーメン橋に慣性力を作用させたときに橋に生じる曲げモーメント分布を示したものです．これを見ると，橋脚の上端部・下端部，上部構造の橋脚との接合部において曲げモーメントが大きくなっており，これらのいずれかで塑性化が先行することが想定されます．本橋の場合には，例えば，橋脚の上下端合計４カ所で塑性化が生じると，橋全体としての耐力が頭打ちとなる塑性状態となります．

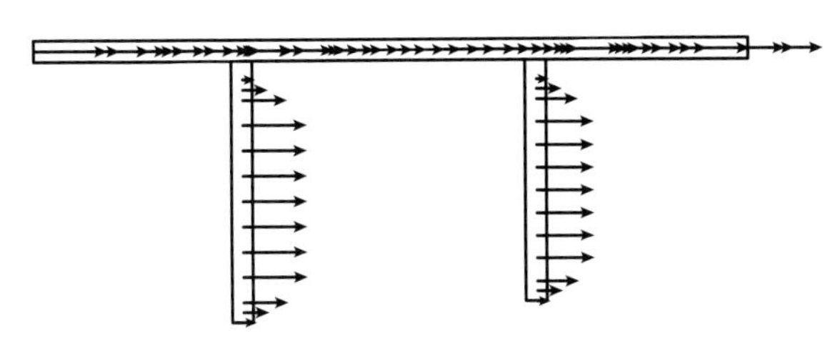

図-2.5　プッシュオーバー解析で作用させる静的地震力の例[2)]

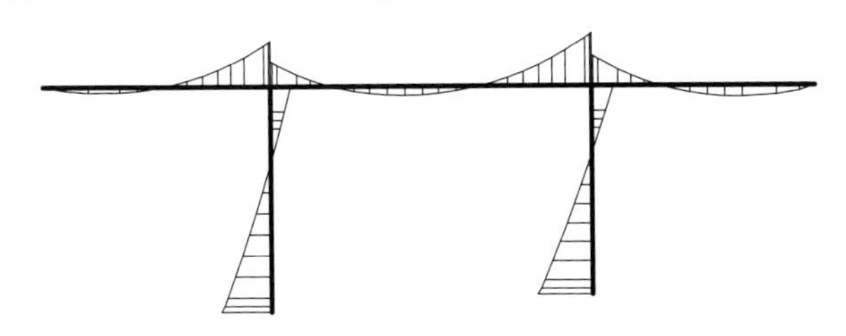

図-2.6　プッシュオーバー解析から求められる曲げモーメント分布[2)]

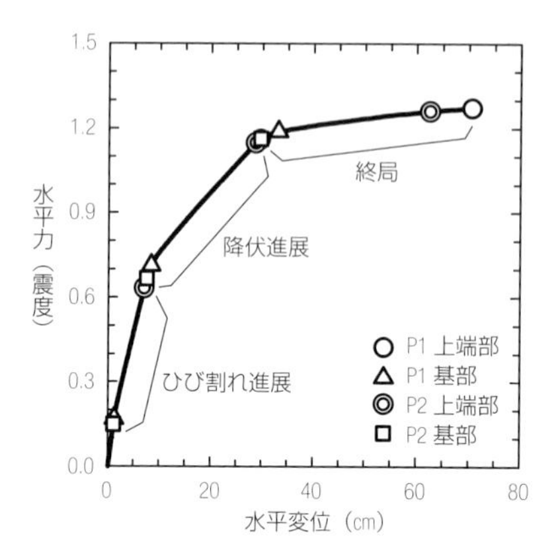

図-2.7　プッシュオーバー解析より求められる橋全体系の作用震度と水平変位の関係[2)]

図-2.7は，プッシュオーバー解析から求められた橋全体の耐力と変形の関係を示したものです．縦軸は橋に作用させた水平力（震度），横軸は上部構造の慣性力作用位置での水平変位です．作用震度の増加とともに，変位が発生し，橋脚の上下端部の４カ所で，ひび割れ，降伏，そして終局に進展していくことが分かります．

プッシュオーバー解析からは，塑性化が生じる部材・部位とそれがどのような順番で，降伏・終局等に進展していくか，橋全体の耐力はどの程度であるか等，耐震設計上の非常に重要な情報を得ることができます．さらに，耐力と変位の関係に基づき式（1）のエネルギー一定則を用いれば，橋全体の最大非線形応答も簡易的に求めることができます．

〔参 考 文 献〕

1）(社)日本道路協会：道路橋示方書・同解説Ⅴ耐震設計編（2002.3）
2）(財)土木研究センター：橋の動的耐震設計法マニュアル（2006.5）

2–2 動的照査

近年，橋梁構造の高度化への対応と技術基準の性能規定化に伴い，ますますその必要性と適用範囲が拡大してきた“動的照査”に関連し，ここでは，動的照査法と静的照査法の相違，モデル化等の動的照査法の基本事項を解説します．

Q15 静的照査法と動的照査法は何が違うの？

最近は少なくなってきましたが，動的照査法というと，まず第一声として，「よく分からない！」という声をよく聞きました．現在では，耐震設計に限らず構造物の設計において，コンピュータを用いた設計ツールの活用は不可欠となっています．動的照査法は，各種の部材から構成される構造系の地震時の動的挙動を評価して性能を照査する方法ですので，これらを手計算で一つひとつ追跡していくことは難しくなります．

動的照査法がよく分からないとされる理由として挙げられていたのは，モデルが複雑，入力パラメータが多い，コンピュータに入力すると結果が出力されてくるが中で何をやっているか分からないブラックボックス，出力結果が正しいかどうか評価できない，ということでした．ただし，こうした指摘の問題点は，静的照査法は十分分かっているが，動的照査法だけが分からないことが原因ではないところです．なぜなら，後述するように，静的照査法と動的照査法に大きな違いはないからです．

いかに合理的で，すみずみまで配慮された構造を実現するかということが構造設計の目的です．もちろん，照査のための検証計算は重要な設計行為の一つですので，設計者はこうした照査計算に対して，これを適切にチェックしつつ，設計ツールをまさに道具として使いこなし，いかに優れた構造とするかという点にエネルギーを集中できればと思います．

さて，動的照査法が「よく分からない！」ですが，加速度応答スペクトルと地震時保有水平耐力法の延長線上にあり，大きく違わないことを以下に解説します．

●地震時に振動する構造物に作用している力は？

図-2.8は，地震作用を受ける構造物に作用している力を示したものです．上部構造等の重量に起因する「慣性力」，橋脚や基礎が変形を受けて元の状態に戻ろうとする「復元力」，空気抵抗や地盤への振動エネルギーの逸散などによる「減衰力」の３つです．復元力は，部材が弾性挙動をするか，降伏を超える塑性挙動をするかによって，その特性も線形あるいは非線形となります．

この３つの力の釣合いから構造物の地震時の挙動を求めるのが力学上の原理であり，これは当然静的照査法も動的照査法も同じです．これらの力が時々刻々変化することも考慮するか，あるいは，簡便化のためにある一定値の作用力として近似するかの違いと考えることができます．

●改めて，静的照査法と動的照査法，何が違うの？

２-１で解説したように，静的照査法は橋の１次振動のみを考慮した動的照査法と言うことができます．振動特性が単純で１質点系にモデル化できる構造が対象となりますので，上部構造を支持する橋脚から構成されるような橋の場合には一般にこのようなモデル化が可能です．

一方，例えば，橋脚高さが高い場合や多くの部材で構成される斜張橋やアーチ橋など，複数の振動モードが各部材の地震応答に影響するような複雑な構造の場合には，１つの振動のみでは構造全体の挙動を近似できなくなってきます．このような場合には動的照査法が必要になるのです．

設計照査は，構造特性に応じて橋の限界状態を設定し，設計地震動の作

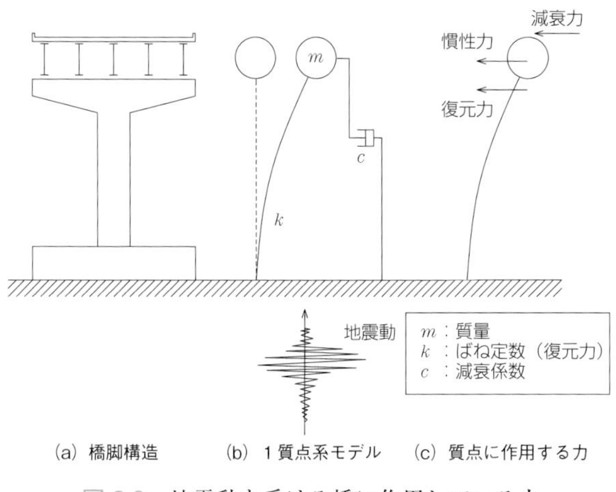

図-2.8 地震動を受ける橋に作用している力
（1質点系で簡単に表した場合）[2)]

用を受けた橋の挙動がその限界状態を超えないことを照査することです．耐震性能の照査の過程は，大きく，「設計地震動の設定」，「地震時挙動の推定」，「許容値等に基づく性能照査」の３項目に区分できます．この区分で静的照査法と動的照査法を比較したのが表-2.1です．

まず，設計で考慮する地震から設定される「設計地震動」ですが，静的照査法では「設計震度」で，動的照査法では「加速度応答スペクトルあるいは時刻歴加速度波形」で与えます．**第１章 1−2**で解説したように，地震動は地盤が時々刻々変位する現象でこれを慣性力に直結する加速度という物理量の時間変化で表したのが時刻歴加速度波形です．また，この時刻歴加速度波形から１質点系の構造物の最大応答加速度を固有周期ごとに求めたのが加速度応答スペクトルです．

さて，「設計震度」は，構造系の減衰定数としてある一定値を仮定して求めた「加速度応答スペクトル」を重力加速度で除して無次元化したものと定義されます．したがって，設計震度と加速度応答スペクトルは次元の

表-2.1　動的照査法と静的照査法の比較（文献2）に加筆）

項　目		動的照査法	静的照査法
設計地震動の設定	対象地震動	レベル1地震動（中規模地震による地震動） レベル2地震動（大規模地震による地震動）	
	設計地震動の与え方	加速度応答スペクトル 時刻歴加速度波形	設計震度（加速度応答スペクトルを重力加速度で無次元化したもの）
地震時挙動の推定	構造物のモデル化	多質点系モデル	1質点系モデルに限定
	構造物に作用する外力	慣性力，復元力，減衰力 （構造部材ごとに設定）	慣性力，復元力 （減衰力：設計震度の設定に考慮）
	解析方法	応答スペクトル法（応答スペクトルを使って複数の振動モードを考慮できる方法），時刻歴応答解析法（地震動に対して，時々刻々挙動を追跡する方法）	震度法，地震時保有水平耐力法（慣性力を静的な地震荷重に置き換え，断面力を算出したり，エネルギー一定則により応答変位を算出する近似法）
	非線形部材の扱い	塑性ヒンジの発生が想定される部材（橋脚基部等）に非線形復元力特性を設定	特定位置に塑性ヒンジが発生する前提とし，部材の復元力特性をもとに1質点系モデルの復元力を設定
性能照査		所要の耐震性能（耐震性能1～3）	
		最大応答値が耐震性能に応じた許容値以内であることを照査	
適用性		適用範囲は汎用的	その振動特性が1質点系にモデル化できるような単純な構造系が対象

相違のみで全く同じものなのです．動的照査法の場合には，構造特性に応じて減衰特性を与えますが，静的照査法に用いる設計震度は，設計対象とする構造物の特性によって違いますが，一般的な橋の場合には固有周期が1.0～1.5秒程度以下の短い領域で減衰特性を５％，これより固有周期の長い領域でこれより小さい値が設定されます．固有周期の長い領域で減衰特性を５％よりも小さい値にするのは，規模の大きい固有周期の長い橋の減衰特性が小さくなるという実橋の振動実験結果に基づいています．

このように「設計地震動」については，「時刻歴加速度波形」，「加速度応答スペクトル」，「震度」，という表現方法の相違はありますが，もともとは設計で考慮する地震に起因するものですので，静的照査法と動的照査法とで当然同一のものになります．

次に，「地震時挙動の推定」です．設計地震動を構造物に対して静的あるいは動的に作用させて，橋の挙動を推定しますが，ここで，構造物のモデル化が異なってきます．構造物の地震時挙動特性を表せるようにモデルを構築することが原則となりますが，静的照査法は，前述のようにその適用は構造系が１質点系に近似できる場合に限定されます．橋脚基部に塑性ヒンジが生じるようにある固定した変形モードを仮定し，その部材の復元力特性を考慮することになります．一方，動的照査法は，もちろん１質点系に対しても適用できますが，多くの質点を有する多質点系の構造系への適用が可能です．複数の質点を考慮できるということは，すなわち，その質点で構成される構造物全体の振動性状を表すことができることになります．

最後に，「許容値等に基づく性能照査」です．性能照査は，いずれの方法も一般に最大応答値と許容値の比較により行います．部材の耐力や塑性率，橋全体系の変位などに対する許容値は，もともと同じ橋の耐震性能を確保するためのものですので，静的照査法と動的照査法とで当然ながら相違ありません．

以上，静的照査法と動的照査法では，地震動の作用を受けたときに，橋の挙動の算定方法として，多少詳細な方法（構造全体を考慮し動的に解析）を用いるか，詳細な方法を近似する簡便法（1質点系に近似し静的に解析）を用いるかの相違だけと理解いただけると思います．したがって，簡便法は1質点系に近似できるという仮定条件が成り立つ範囲内で使うことが条件となります．

Q16 動的照査法に用いる橋のモデル化は？

動的照査法によって橋全体の挙動を把握するためには，橋の動的挙動を再現できる力学モデルに置き換える必要があります．モデル化としては，上部構造や下部構造などの構造形状のモデル化，各部材の材料が有している質量の大きさやその分布のモデル化，コンクリート部材や鋼部材など部材の復元力特性のモデル化，減衰力のモデル化，さらには地震動の入力方法や入力位置を与える必要があります．

図-2.9は，橋の動的照査に用いる力学モデルの例を示したものです．モデルとしては，照査で必要とする情報と精度に応じて各種のモデルが選択されます．橋の地震時挙動を再現できるモデル化を行うことが基本ですが，複雑にすればそれだけ精度が上がるということでもなく，橋脚単体を最も単純な1質点系のばね－マスモデルとする場合，橋脚単体を多質点系モデルとする場合，橋全体系を2次元または3次元の骨組モデルとする場合，があります．さらに，部材をファイバーでモデル化したり，橋や地盤全体を有限要素でモデル化するなどさまざまなレベルの方法があります．実用上の観点から，橋の動的照査法では一般に骨組モデルが用いられます．これらのモデル化の範囲の考え方としては，「設計振動単位」が基本となります．1基の橋脚とそれが支持する上部構造を設計振動単位と見なせる場合は，橋脚1基ごとにモデル化できますし，連続橋などで1連の橋全体が

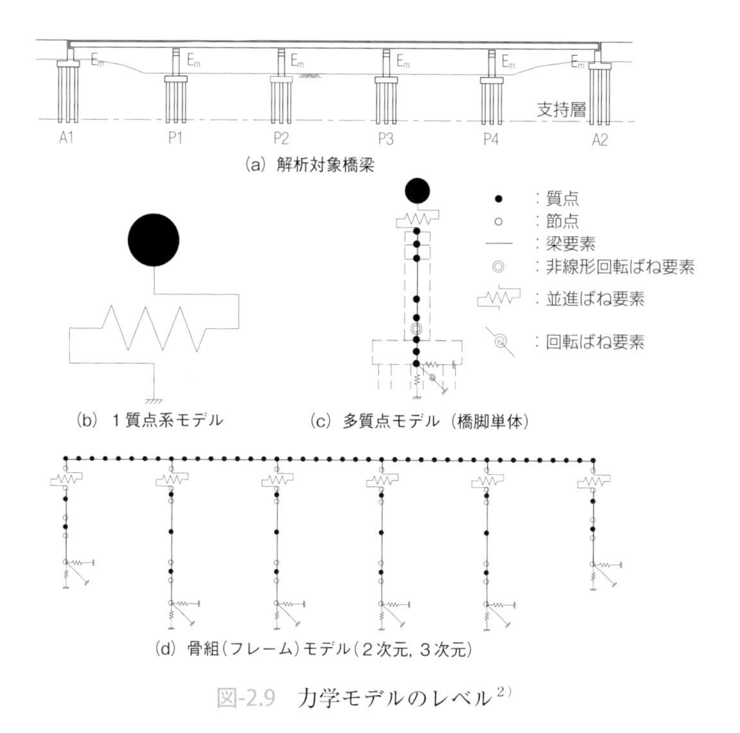

図-2.9 力学モデルのレベル[2)]

設計振動単位となる場合は橋全体系をモデル化します．2次元，3次元は，曲線橋など構造系の3次元的な挙動の影響を考慮して選択することになります．

●力学モデルの作り方は？

橋脚単体の多質点系モデルを例にとって，力学モデルの作り方を示します．まず，構造物の形状を表すために，図-2.9(c)に示すように一般に部材の重心位置に節点を設けます．節点は，上部構造では桁，支点部，断面変化部の始終点と必要に応じてその中間点の重心位置に，下部構造では断面剛性が変化する点や，その中間点の重心位置に設けます．振動形状を細かく求める必要がある場合には，そこに節点を設けたり，塑性化の可能性がある箇所には，その領域にも節点を設ける必要があります．

構造物の質量は連続的に分布していますが，モデル化の際には，構造部材ごとにこれらの重心位置の節点に対して離散化した質量として考慮するのが一般的です．

次に構造部材のモデル化ですが，部材がどのような抵抗特性（曲げモーメント，ねじりモーメント，軸力，せん断力）を有するのかによって，梁要素，ばね要素，トラス要素などでモデル化します．上部構造や橋脚は梁要素で，ゴム支承や塑性ヒンジ区間，基礎地盤は水平や回転方向に対するばね要素としてモデル化します．トラス要素は，トラス部材のように軸力のみが作用する部材に用います．

このように，節点，質点（質量を有する節点），部材を組み合わせて，橋のモデルを組んでいくことになりますが，基本は，構造物の振動性状や損傷特性を表すことができるようにという点です．このほかにも，例えば，アーチ橋など架設ステップによって橋の応力状態を再現する必要がある場合にはこれを考慮したり，吊橋や斜張橋等規模の大きい橋で変形が大きく生じた場合に，その幾何学的な非線形性を考慮したりする場合もあります．

●地震動の設定位置は？　入力方向は？

設計地震動を設定する際に，地表面位置や基盤位置など地盤のどの位置で設定するかによってその大きさや特性が異なってきます．例えば，道路橋示方書に規定される標準加速度応答スペクトルは，地表面で観測された強震記録をもとに，耐震設計上の地盤面（地表面）に入力するものとして設定されています．このため，基礎や地盤を含む橋全体の地震時挙動を把握する場合などには，基盤面に入力する地震動が必要になりますが，その際には表層地盤の影響を考慮して適切に補正することが必要になります．

次に，地震動の入力方向です．地震動は上下左右３次元的に作用します．３次元的な影響をすべて考慮して構造物の挙動を評価する場合もありますが，耐震設計上は，一般に橋軸方向と橋軸直角方向にそれぞれ独立に水平地震動を作用させて評価します．鉛直地震動はその影響が重要となる構造形式を除いて同時には考慮しないのが一般的です．

Q17 損傷進展を追跡するための部材の履歴モデルは？

構造物の地震時の挙動が弾性範囲の場合は，力と変位の関係は比例（線形）関係となります．部材に損傷が生じその挙動が弾性領域から塑性領域に及ぶ場合には力と変位の関係は非線形になりますので，これを復元力特性に考慮することが必要になります．こうした復元力のモデル化は，部材ごとに載荷実験や振動台実験等により検証されたモデルを選定することが必要です．地震力は一方向に作用し続ける力ではなく，一般に正負交番の繰返し作用です．このため，繰返し作用を受けた場合の特性を復元力の中に考慮することが必要となり，これを履歴モデルと呼びます．

鉄筋コンクリート（RC）橋脚の履歴モデルを例にとりますと，図-2.10に

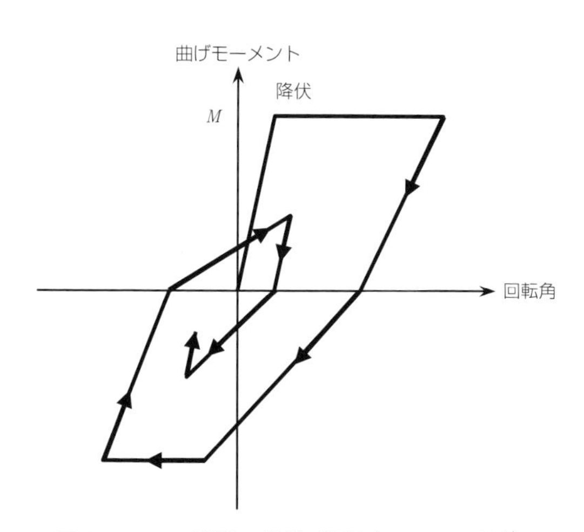

図-2.10　RC部材の非線形履歴モデルの例[1)]

示すようなTakedaモデルが一般に用いられます．曲げ破壊先行型のRC橋脚の水平力と水平変位の骨格曲線は，ひび割れ点，降伏点，終局点からなるトリリニア型で表されます．降伏を超えて正負交番で作用する地震力の特性を考慮して，ひび割れ点を省略したバイリニア型履歴モデルも一般的です．履歴特性としては，最大点指向の剛性低下型モデルと呼ばれるモデルが用いられます．これは，地震力の繰返し作用を受けると，過去の最大点を目指し，塑性率に応じて部材の剛性が低下するという鉄筋コンクリート部材の特性を再現したものです．

さらに，支承（固定支承，ゴム支承，免震支承），鋼製部材（コンクリート充填の有無），基礎部材等についても，それぞれの部材の力学特性を考慮して，骨格曲線と履歴モデルを設定します．

Q18 固有振動特性って何？

構造物は，高さが低いか高いか，重さが軽いか重いか，剛度が柔か剛かなどの特性によってその揺れ方が変化します．すなわち，構造物はその構造特性に応じた固有の振動特性を持っています．基本的な振動特性である固有周期や固有振動モードを求めることを固有振動解析あるいは固有値解析といいます．構造物は，モデルで設定した質点の自由度数に応じた数の固有周期や固有振動モードを持っています．最も長い固有周期から短い固有周期へと，順番に１次振動，２次振動・・・と呼びます．固有周期，固有振動モードのほかに，刺激係数や有効質量といったその値の大きさで，地震時にどの振動モードが応答に寄与するかを判断することのできる指標も算出されます．

桁橋を例として固有振動解析結果を見てみます[2)]．対象とした橋は，橋長160m，橋脚部で２点固定支承条件のPC３径間連続橋で，支間長は44+70+44m，橋脚高さは約16mです．表-2.2および図-2.11は，橋軸方向

表-2.2　橋の固有振動解析結果の例[2)]

モード次数	固有振動数（Hz）	固有周期（s）	刺激係数		有効質量比（%）	
			X（水平方向）	Y（鉛直方向）	X（水平方向）	Y（鉛直方向）
1	0.999	1.002	−25.438	0.000	90.2	0.0
2	1.354	0.739	0.000	5.034	0.0	3.6
3	2.751	0.364	0.000	0.000	0.0	0.0
4	3.657	0.273	0.000	16.875	0.0	40.5
5	4.271	0.234	0.000	0.000	0.0	0.0
6	4.460	0.224	−8.361	0.000	9.8	0.0
7	5.366	0.186	0.000	0.000	0.0	0.0
8	8.317	0.120	0.000	0.000	0.0	0.0
9	8.464	0.118	0.000	13.067	0.0	24.3
10	9.402	0.106	0.000	0.000	0.0	0.0
				累積	100.0	68.4

の固有振動特性と振動モードを示したものです．１次の固有周期は１秒程度で，一般的な橋の固有周期は0.5～1.5秒程度ですので，概ねその範囲であることが分かります．支承が固定条件でゴム支承が使われていませんが，中央支間長が72mと規模としては大きめの上部構造を支持していますので少し長めになっていると理解できます．

刺激係数と有効質量比（有効質量を合計質量に対する比で表したもの）は，水平方向と鉛直方向それぞれについて求められ，それぞれの方向に対する寄与を表します．水平方向については，１次モードは上部構造が剛体的に水平方向に変位し，橋脚と基礎が変形するモードです．刺激係数が最も大きく有効質量比も約90%と大きいことから，この１次振動が卓越する橋であることが分かります．６次モードは，上部構造はほとんど変位しないで橋脚と基礎が変形するモードですが，その寄与率は約10%程度と大きくありません．したがって，地震動が作用した場合には，ほぼ1次振動の変形モードで振動することが推測できます．なお，このように１つの振動モードが卓

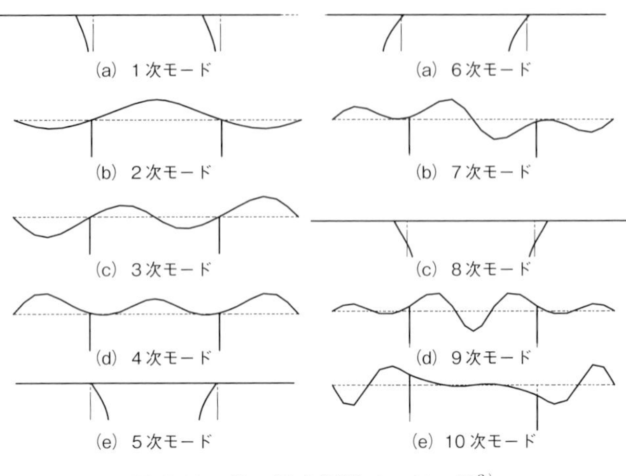

図-2.11　橋の固有振動モードの例[2)]

越する橋の場合には，静的照査法の適用も可能となります．

次に鉛直方向に着目してみますと，2次，4次，9次の刺激係数と有効質量比が大きくなっています．それぞれ上部構造のみが鉛直方向にたわみを生じるモードであり，高次になるほどその変形状態が細かくなっています．これらの振動モードの水平方向の刺激係数は0になっていますので，水平方向の地震動によって励起されない振動です．鉛直方向の地震動の影響が小さく鉛直地震動を考慮しない場合には，これらの振動モードは地震応答には寄与しないことになります．

このような橋の固有振動特性は，橋がどのように揺れるか，どこに変形が大きく生じる可能性があるかを知るうえでの基本情報となります．動的照査法を適用する場合には，固有周期や固有振動モードを必ず出力し，その内容を確認するのが重要です．なお，固有振動特性は，モデルとして弾性状態を仮定したものです．部材が塑性化する等，変形の大きさによって部材の特性が変化する場合には，こうした固有振動特性も変化することになります．しかしながら，降伏後の非線形挙動を追跡する場合でも弾性状態が基本情報となることに変わりありませんので，モデルや結果のチェックでは必ず確認しておくことが重要です．

Q19 減衰モデルの設定法は？

構造物の地震時の揺れ方を推定するためには，構造物の質量（慣性力）や部材の特性（復元力）のモデル化とともに，もう一つの基本要素である減衰特性（減衰力）を設定する必要があります．地震による地盤の揺れによって構造物にも揺れが生じますが，地震の揺れが収まると，構造物に生じていた揺れも収まってきます．減衰特性とは，振動エネルギーを消費し，揺れの大きさを弱めたり，一度生じた揺れを早く収束させる構造物の特性のことを言います．

構造物の減衰特性は，構造物を構成する材料の内部摩擦減衰，接合部における摩擦減衰，空気抵抗による空力減衰，部材や地盤の非線形挙動による履歴減衰，地盤へのエネルギー逸散減衰などにより生じます．それぞれの減衰因子を個々に厳密に評価することは困難で，実構造物の振動実験や強震観測などの実測データに基づき構造全体としての減衰特性を把握する必要があります．

このような減衰特性を数学モデルとして表す方法としては，速度に依存する粘性減衰，変位に依存する履歴減衰が代表例です．部材の非線形挙動によって生じるのは履歴減衰ですが，これは復元力モデルにその履歴挙動を与えて考慮することができます．一方，その他の減衰は，速度に比例する等価な粘性減衰力として与える方法が一般的です．加速度応答スペクトルでは，減衰定数５％という値をよく用いますが，これは構造物の減衰特性を等価な粘性減衰としてモデル化したことを意味しています．

動的照査法における橋の減衰特性としては，鋼材やコンクリートなどの材料や，橋脚や基礎など部材ごとの減衰定数として与え，橋全体の固有振

表-2.3　各構造要素の等価減衰定数の設定例[1), 2)]

構造部材	弾性域にある場合		非線形域に入る場合	
	鋼構造	コンクリート構造	鋼構造	コンクリート構造
上部構造	0.02	0.03	別途検討して設定	
ゴム支承	0.03（あるいは使用するゴム支承の実験値）		−（一般に非線形域を考慮しない）	
免震支承（非線形部材）	−（一般に弾性域のみを考慮しない）		0（非線形部材として履歴減衰を考慮）	
免震支承（等価線形部材）	−（一般に弾性域のみを考慮しない）		等価減衰定数	
橋　脚	0.03	0.05	0.01	0.02
	（線形部材としてモデル化する場合）		（非線形部材として履歴減衰を考慮）	
基　礎	Ⅰ種地盤，あるいは直接基礎：10% Ⅱ種，Ⅲ種地盤，あるいは杭基礎，ケーソン基礎：20%		−（一般に基礎は降伏に達しないように設計する）	

動モード形状に応じた各部材のひずみエネルギーに比例させて，固有振動モードごとの減衰定数（モード減衰といいます）として与える近似方法が用いられます．部材ごとの減衰定数としては，表-2.3に示す値などが一般に用いられています[1), 2)]．これらの値は，実橋の振動実験，模型振動台実験や強震観測データの再現解析などから実験を概ね再現できる減衰定数として与えられています．

実橋の振動実験結果[1), 3)]によれば，一般的な道路橋の減衰定数と固有周期の間には図-2.12のような関係が得られています．本データは，実橋に起振機を設置して加振された実験ですが，微少振幅時の振動実験結果に基づくものです．実際の地震時のように振幅がさらに大きくなると，部材間の摩擦やコンクリートのひび割れ，周辺地盤の非線形性の影響などが大きくなってきますので，一般にこれよりも大きな減衰定数となります．図-2.12によると，固有周期の短い橋の減衰定数は大きくなり，一方，固有周期が長いと減衰定数が小さくなる傾向です．また，高さ25mを超えるような高橋脚では，減衰定数は固有周期によってあまり変化していません．

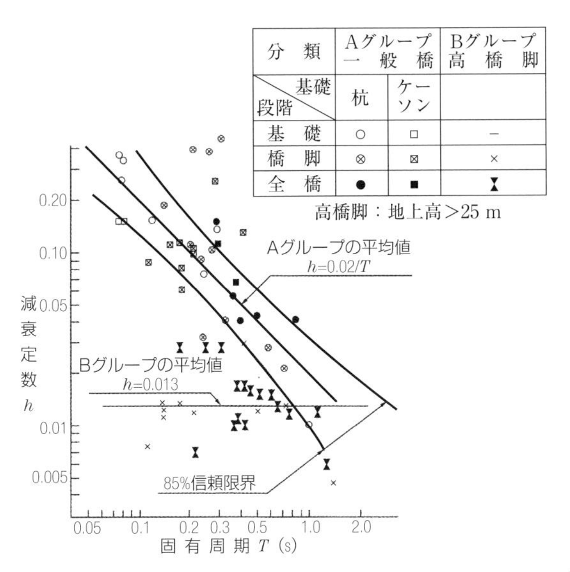

図-2.12　実橋実験に基づく橋の固有周期と減衰定数の関係[3)]

これは高橋脚のような固有周期の長い橋では，橋脚部材の減衰特性の影響が支配的となる一方，背の低い剛な橋脚など固有周期の短い橋では，橋脚部材よりも基礎周辺地盤の減衰特性の影響が大きいことを意味しています．

このように，部材や基礎，地盤などの影響の度合いをひずみエネルギー量というパラメータで評価するというのが上記の近似方法です．

固有周期0.5秒程度の一般的な橋では，微少振幅時の実験に基づく平均的な減衰定数は約５％程度です．大振幅時にはこれよりもさらに大きいと考えられますが，加速度応答スペクトルで５％の減衰定数がよく用いられてきたのは，構造物の平均的な減衰定数が５％程度であることによると考えることができます．

●実橋実験から得られた減衰定数と設計値の相違は？

比較的規模が大きい斜張橋や吊橋などを中心に，耐風設計・耐震設計をはじめとする設計結果の確認を目的として，実橋の観測や実験が実施されてきました．ここで，実橋振動実験から得られた減衰定数が設計で設定する値よりも小さい値が得られる場合も多く，この相違が議論になる場合があります．

常時微動観測や車両載荷実験あるいは起振機での強制加振実験は，起振機の加振力の制約から微少振幅における実験データに限られます．これらの実験データによると，支間長の大きい，すなわち，周期が長い橋ほど減衰定数は小さいという傾向があり，１％程度以下の値が観測される場合も多くあります．耐風設計では，このような微少振幅の実験データが基本とされていますが，耐震設計では，大規模地震時のように振幅が大きくなると減衰特性が大きくなることが考慮され，２％程度の減衰定数が用いられます．

振動振幅が大きくなると，支承部や部材の接合部の摩擦の影響や，コンクリートの場合にはひび割れの進展に伴う履歴減衰の影響なども生じます．このような振幅依存性の影響が考慮され，耐震設計で想定している状態に応じた減衰定数が設定されています．減衰定数の振幅依存性に関する検証データは少ないのですが，例えば，後述するQ21で示すような実際の地震による強震観測データの再現解析によれば，２％以上の値を設定すると観測データを近似できるという結果なども考慮されて設計値が設定されています．

減衰特性は，前述のようにそのソースごとの理論的な取扱いが困難であり，実橋の振動実験データや観測データを基本に設定する必要があるパラメータですので，今後ともデータの蓄積が重要と考えられています．

●基礎の減衰定数の設定方法は？

道路橋示方書[1)]では，各構造要素の等価減衰定数の参考値としてはある幅をもって示されています．設計者には構造条件・地盤条件に応じて，これらのパラメータを設定することが求められます．基礎については，通常は降伏しないように設計しますので，減衰定数の参考値としては，0.1～0.3の値とされています．この幅の中から，地盤種別や基礎形式に応じて減衰定数をどう設定すべきか悩む場合もあると思います．

基礎の減衰特性としては，周辺地盤の非線形性履歴挙動に起因する減衰特性とエネルギー逸散による減衰を考えることができます．当然ながらこのような地盤の非線形性やエネルギー逸散は地盤条件や基礎形式・形状に依存しますので，これらの影響を評価し個々の橋の地盤特性や基礎の条件に応じて減衰定数を推定する方法もあります．なお，一般的な橋の基礎の減衰定数としては，振動実験結果に基づき，表-2.3に示したように直接基礎形式やＩ種地盤では10%，杭基礎やケーソン基礎では20%が一般に用いられます．

●動的照査法に用いる減衰モデルの選択は？

橋全体のモード減衰定数を求めた後に，数値解析に用いる減衰マトリクスを設定する必要があります．減衰マトリクスの設定方法としては，設定したモード減衰定数に等価な粘性減衰マトリクスを用いる方法のほかに，これを近似するいくつかの方法があります[1)]．質量マトリクスに比例する質量比例型，剛性マトリクスに比例する剛性比例型，両者の線形和としたRayleigh型が一般的です．

質量比例型と剛性比例型は，１つの振動モードに対する減衰定数の値で設定する近似法で，近似できる振動数の範囲が狭いので，これらの方法の中では，より広い振動数範囲で近似できるRayleigh型が多く用いられます．Rayleigh型は２つの振動次数のモード減衰を使って近似するもので，地震応答に寄与する複数の主要な振動モードがあったとすると，それらすべてのモード減衰定数を近似できるように２つの固有振動モードを選定して設定します．一般に刺激係数の小さい高次の振動モードは応答に寄与しないので，固有値解析に基づく振動モードの地震応答に対する寄与度をよく吟味して設定する必要があります．

なお，あくまで２つの振動モードで全体を仮定する１つの近似法ですので，例えば，モード減衰の大きいある振動モードについては低めの設定にならざるを得ないという場合もありますので，解析結果の評価においては，もともとのモード減衰定数とモデル設定値の関係も理解しておく必要があります．ただ，いたずらに選択モードを変えて解析する必要はなく，主要な振動モードすべてのモード減衰定数を概ね下回るように設定するのが基本的な考え方です．

また，減衰マトリクスを作成する際には剛性を与える必要があります．大規模地震時に塑性化が生じる部材では剛性が変化し振動モードも変化することになります．地震応答の推定では，振動台実験や強震観測データの近似性が基本であり，実験結果を概ね再現できる復元力モデルとそれに応じたパラメータの１つとして減衰定数があります．

これまでの実験データによれば，通常用いられる復元力モデルに対する減衰モデルの作成には一般に表-2.1に示した減衰定数と降伏剛性の組合わせを用いればよいと考えられます．非線形部材では，時々刻々の剛性（瞬間剛性と言います）を用いる方法，等価線形化法として等価な剛性を用いる方法もありますが，それぞれの剛性を用いた場合のパラメータとしてどの減衰定数を設定すると実験結果や観測結果の近似度がよくなるかを基本にモデルを選択することが重要です．

なお，部材の復元力モデルにはさまざまなものがありますが，例えば，摩擦力など他の部材に比較して著しく初期剛性の大きい剛塑性型のモデルを用いた場合に，この剛性に比例する減衰モデルを考慮すると，摩擦力が作用する要素の近似度が大きく低下することもあるので，こうした特性を十分把握したうえで用いることが重要です．

Q20 動的照査の結果の妥当性チェック方法は？

橋の地震時の挙動の推定は手計算ではできませんので，コンピュータを用いた設計ツール・解析ソフトを用います．設計ツールは，データを入力すれば，発散等して途中で止まらない限り何らかの答えを出してきます．このように出力されてきた答えに対して，設計者は入力データエラーや想定どおりの解が得られたかを確認するのが基本であるのは言うまでもありません．設計ツールを有効なツールとして使いこなすためのチェックポイントを以下に示します[2)]．

●構造モデルのチェック方法は？

動的照査法では，構造物を節点や質点，部材要素で構成する構造モデルを作成します．構造モデルに対するチェックポイントとしては，まず，構造物の固有周期と固有振動モードを把握することです．構造物の規模や特性によって異なりますが，固有周期や固有振動モードが経験的な範囲に入っているかどうかを確認することにより，構造モデルに対するデータエラーを知ることができます．

一般的な橋で橋軸方向あるいは橋軸直角方向の振動に対する卓越モードの固有周期は，概ね0.5～2.0秒の範囲です．可動固定型の桁橋では0.5～1.0秒以下，ゴム支承を用いた桁橋で1.0～1.5秒，中・長大橋では規模によって２～10秒程度となります．固有周期がこのような範囲から大きく離れて求められた場合にはデータチェックが必要です．

次に，固有振動モードのチェックです．一般的な橋は，橋桁を橋脚で支持するトップヘビーな構造となりますので，１次振動が卓越し，その卓越振動モードは，通常，橋桁が橋軸あるいは橋軸直角水平方向に変形する形状となります．このような振動モードが橋の地震時の揺れ方としてあり得ないような形状をしていないかを確認します．特に，橋脚と上部構造の接合部となる支承部では，水平・回転変位に対して，固定，自由，ばね支持という支承条件が設定されますが，その条件が振動モードにおいても整合しているかをチェックすることが重要です．

固有周期と固有振動モードは，構造物の幾何学的な条件と部材や地盤の剛性により決まりますので，これらのチェックポイントをまとめると以下のようになります．

① 固有周期

→ 一般的な周期範囲から外れていないか？

チェック：部材のつながり，剛性，支承条件

② 出力したモデル図

→ 節点座標と部材のつながり方が構造と一致しているか？

チェック：部材のつながり，支承条件

③ 固有振動モード

→ 橋の一般的な水平振動形状となっているか？

チェック：部材のつながり，支承条件

→ 同種の部材の中で，変形が極端に大きい部材，あるいは極端に小さい部材はないか？

チェック：部材のつながり，部材の剛性

→ 基礎の変形（水平，回転）が極端に大きくなっていないか？

チェック：基礎や地盤の支持条件とばね定数

●応答波形のチェック方法は？

応答波形は，変位，加速度，断面力などの応答値を時系列データとして表したものです．応答変位波形の一例を図-2.13に示します．橋の振動は，その卓越周期の影響を受けますので，例えば，上部構造の振動で１次振動が卓越していれば，上部構造の応答波形でもその１次固有周期の振動が卓越することになります．波形図で振動の１往復に要する時間が固有周期で

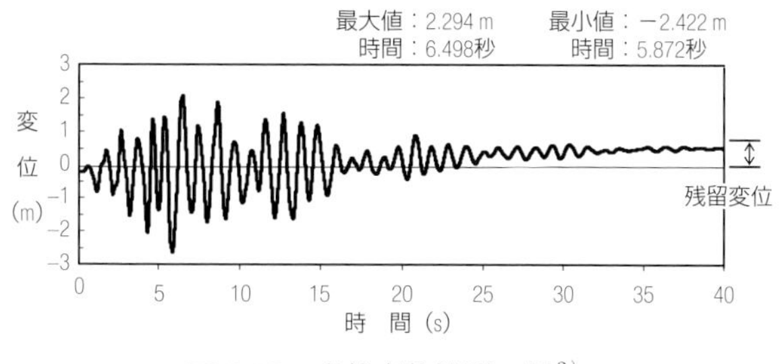

図-2.13 応答変位波形の例[2)]

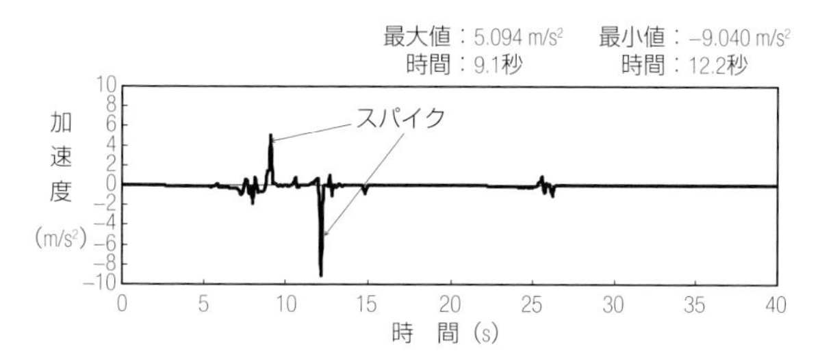

図-2.14 応答加速度波形の‘スパイク’[2)]

すので，これが固有周期と一致しているかをチェックするのも基本です．

ところで，図-2.13に示した波形ですが，ちょっと変だと思いませんか．波形の軸線が右上がりになっています．これは数値解析上の誤差が蓄積したものですが，入力地震動の強度が弱いところで残留変位が一方に偏っていく現象は通常は起き得ませんので，こうした解析上の現象を確認するうえでも応答波形の確認は必須です．

応答波形を描いた場合に，図-2.14に示すように瞬間的に応答値が極端に大きくなって求められる場合があります．これは，‘スパイク’と呼ばれます．スパイクが生じる原因としては，桁どうしの衝突や剛性の急変などによる影響や，数値計算上の収束誤差が考えられます．最大応答値の結果ばかりを見て応答波形を確認しないと，こうした点を見逃す可能性があります．大きく剛性が変化するようなモデル設定が原因であれば，通常0.01

～0.005秒で設定される計算時間間隔を短くすることによって解決する場合もあります．

以上のように，応答値のチェックを行う場合には，照査に用いる最大応答値のみを機械的に見るだけではなく，数値解析がうまく動いているかどうかを応答波形によっても確認するのが基本です．

●履歴形状のチェック方法は？

履歴曲線は，部材に作用した力と変形の関係をプロットしたものです．例えば，鉄筋コンクリート部材の曲げモーメントと曲率の履歴曲線を示した例が図-2.15です．曲げモーメントや曲率は時刻歴波形として得られますが，同一時刻におけるこれらの関係を図化すると履歴曲線になります．

履歴曲線からは，部材に生じた塑性化の程度を知るとともに，部材に対して設定した履歴モデルが数値解析の中でも再現されていたかを確認することができます．図-2.15の例は，剛性低下型のTakedaモデルを用いた場合を示しており，これからは，

①設定したモデルと同様の履歴を描いていること

②ひび割れ，降伏を超える塑性変形が生じているが，最大応答曲率ϕmax は終局曲率まで至っていないこと

が理解できます．履歴曲線は，部材が弾性状態にあるときには1本線です

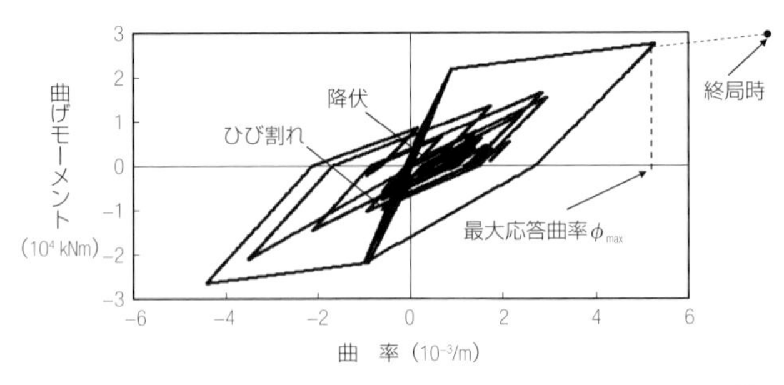

図-2.15　履歴曲線の例（曲げモーメントM～曲率ϕ関係）[2]

が，塑性化が生じるとループ状となりますので，最大応答値が弾性範囲なのに履歴曲線がループを描いていたり，逆に塑性化しているのに履歴曲線が１本線で出力されていないかについてもチェックが必要です．

●最大応答値のチェック方法は？

最大応答値は，設計において着目した節点の変位，速度，加速度と，部材の断面力や曲率，回転角などに対して求めます．図-2.16は最大応答値の分布の例を示したものです．桁橋のような一般的な橋では，１次振動モードが卓越しますので，水平変位は上部構造位置で大きく，下部構造天端から基礎に向かって徐々に小さくなる形状となります．一方，曲げモーメントは，下部構造天端で小さく，橋脚の基部で最大となります．最大応答値の分布が，このような構造物の力学特性に整合しているかを確認することが必要です．

また，道路橋示方書[1)] では，レベル２地震動に対する耐震性能の照査に際しては，入力地震動として３種類程度を用いることとされています．これは同じ加速度応答スペクトル特性を有する地震動であっても，位相特性の違いによって応答解析値に差が生じるためです．耐震性能の照査には，３種類の地震動による最大応答値の平均値を用いますが，ある１波の地震

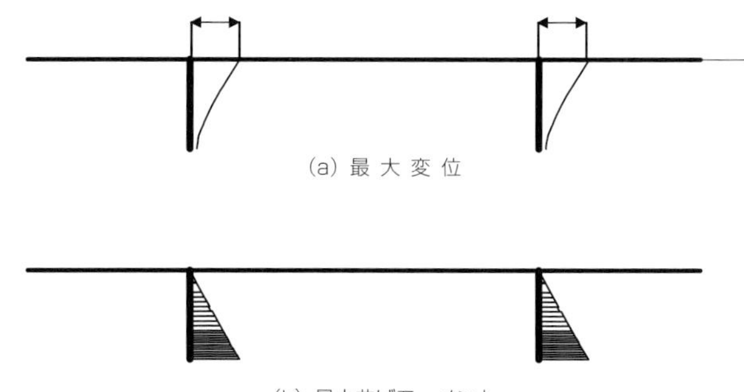

図-2.16　最大応答値の分布例[2)]

動による最大応答値が他の地震動による最大応答値に比べて極端に異なる場合なども，入力データのチェックを行うのがよいと考えられます．

●線形解析，プッシュオーバー解析や設計震度の下限値とのチェック

データ入力が正確に行われ，解析が想定どおりに実施できたかどうかの確認のほかに，類似あるいは別の手法で結果を確認することも重要です．

例えば，大規模地震に対しては，部材の非線形性を考慮したモデルを設定して解析を行いますが，弾性範囲の解析結果との整合性を見ることも有効です．非線形挙動も弾性挙動の延長線上となりますので，特に断面力が大きく発生する箇所や塑性化が先行する箇所などについては，線形解析でも同様ですので，これによってモデルや応答値のチェックを行うことは基本です．

さらに適用範囲や近似度は相違しますが，動的照査を行う前に静的解析法であるプッシュオーバー解析法や地震時保有水平耐力法を適用し，設計結果に対する大きなあたりやイメージを持つことは非常に有効です．また，橋脚の耐力として確保することが求められる設計震度の下限値（$k_{hc}=0.4c_z$, c_z：地域別補正係数）もありますので，プッシュオーバー解析から求められた降伏震度が0.4～0.7程度の範囲に入っているかどうかを確認するのも重要です．

●設計照査過程でのチェック方法？

耐震性能の照査においては，レベル１地震動に対しては，最大応力度が許容応力度以下，あるいは最大変位が許容変位以下になっているかどうかを照査します．一方，レベル２地震動に対しては，最大断面力，最大変位，最大塑性率，残留変位等が，それぞれ許容値以下になっているかどうかを照査します．

応答値が許容値より大きくなって照査を満足できない場合には，その程度によって断面変更や構造変更が必要になります．部材断面幅や鉄筋量を

増大させて，部材の耐力や剛度を増加させたり，拘束鉄筋を増大させて部材の変形性能を増加させる対応などが行われます．この場合に，構造物と加速度応答スペクトルの周期特性の関係で，部材の耐力・剛度を増加させると固有周期も短くなるために地震応答のほうも大きくなってしまい，耐力を増加させても照査が収束しないということもあります．

性能照査を満足させるために考慮した対応策が，設計者が想定した方向に向かっているか，それが橋全体の振動特性と整合しているかについてもチェックしていくのが重要です．

Q21 動的照査法はどこまで近似できる？

動的照査法のモデルやパラメータ設定など，実際の現象を再現できるように高度化･充実を継続的に図っていくことが重要と考えます．これまで，実橋の強制振動実験，橋脚部材の模型振動台実験，さらには強震観測データの再現解析を通じて，解析手法の高度化やパラメータの設定提案が行われてきています．ここでは，一例として斜張橋と吊橋の強震観測データの再現解析の例を紹介します．

図-2.17は，1987年千葉県東方沖地震により地震記録が得られた鋼斜張橋の例を示したものです[4)]．橋長290mの箱形断面を有する主桁と，これに剛結された単室断面の主塔からなります．観測値としては，主塔の頂部で最大加速度約1,000Gal，主桁位置で約400Gal程度の強震動です．実測記録と一般的な骨組モデルを用いた再現解析結果を比較した結果を示しています．

この解析では，実測をベースに設定する必要がある減衰定数をパラメータにしていますが，観測値と実測値は周期特性と振幅特性ともによく一致しています．減衰定数については，このパラメータ解析からは，独立１本柱形式の主塔が橋軸直角方向に振動する際の減衰定数は１％程度，主塔が

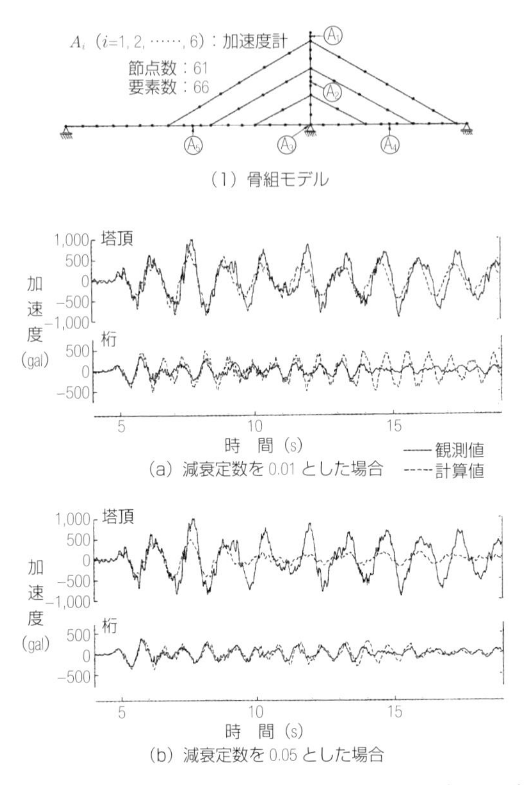

図-2.17　鋼斜張橋における強震観測記録と解析結果との比較例[4)]

橋軸方向に振動する場合や橋桁については５％程度が得られています．

図-2.18は，1994年米国ノースリッジ地震により地震記録が得られた鋼吊橋の例です．本橋は，橋長766mの３径間吊橋で，中央支間長は457m，両側径間長は154mです．主桁は鋼製トラス構造，主塔は５段の補剛横梁を有する鋼製構造，基礎は杭基礎です．観測値としては，地盤上で約250Gal，主桁位置および主塔頂部で約500Galの最大加速度が得られています．

同様に減衰定数をパラメータにして中央支間の変位応答についての実測

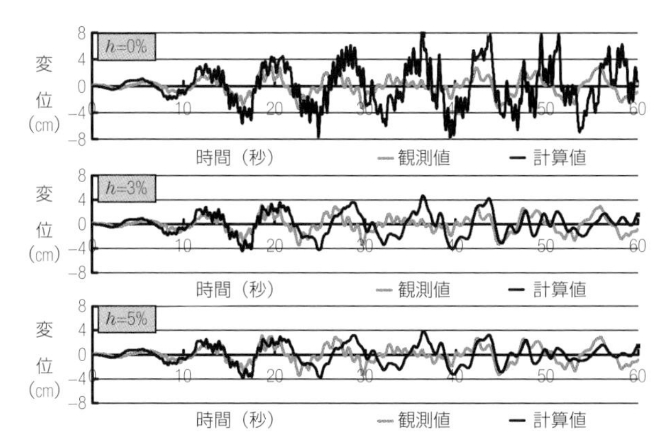

図-2.18　鋼３径間吊橋における強震観測記録と解析結果との比較例（支間中央中間位置の橋軸直角方向変位，減衰定数をパラメータ）[5)]

記録と解析結果を比較した結果です．周期特性に若干の位相ずれが確認できますが，これは解析モデルの剛性が実橋よりも少しだけ小さいことを意味しています．この解析からは補剛桁の減衰定数は５％程度です．なお，主塔や側径間などの観測位置でばらつきはありますが，橋全体としては１〜５％程度が得られており，通常用いられる２％は地震時の大振幅時において概ね実際を表していると考えることができます．

一般的な骨組モデルを用いた解析のほかに，ファイバー要素を用いた解析，地盤と構造物全体をモデル化したFEM解析等も最近では活用される場合も多くなってきています．こうした解析法は，橋梁構造の高度化に対応するために，今後ますます有効になってくると考えます．実験や実測との検証データを増やし，適用範囲を明確にしながら，活用できるようになることが期待されています．

ただし，現状では，例えば地盤との一体解析など詳細な解析法が必ず優れているという段階には至っていない部分もあると考えられますので，いたずらにこれに頼らず，地震被害や実測・実験などに基づく実現象の工学的な理解と，**2-1**で解説したように，想定する挙動や損傷モードを確実に実現し，損傷部材に対して十分なねばりとある一定以上の耐力の確保を設計の基本として念頭におき，十分にチェックをしながら動的照査法が有効に活用されることが期待されます．

〔参 考 文 献〕

1）(社)日本道路協会：道路橋示方書・同解説Ⅴ耐震設計編（2002.3）
2）(財)土木研究センター：橋の動的耐震設計法マニュアル（2006.5）
3）栗林栄一，岩崎敏男：橋梁の耐震設計に関する研究（Ⅲ）—橋梁の振動減衰に関する実測結果—，土木研究所報告，第139号（1970.6）
4）Kawashima, et. al.：Analysis of Damping Characteristics of A Cable-Stayed Bridge Based on Strong Motion Records, Journal of Structural Engineering/Earthquake Engineering, vol.7-1（1990）
5）Unjoh. S, Adachi. Y: Damping Characteristics of Long-span Suspension Bridges, IABSE 79（1998）

第 3 章

設　計

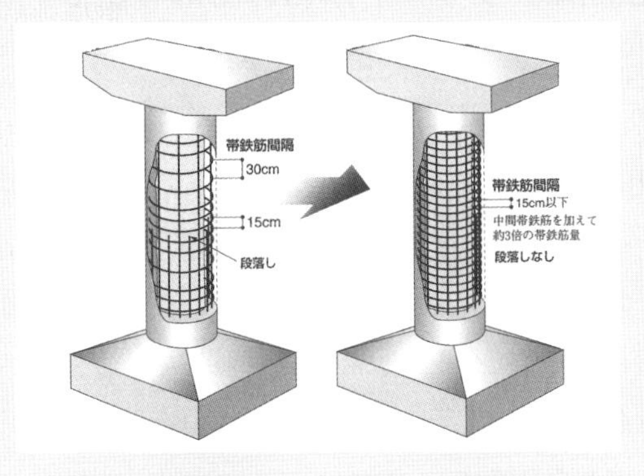

1995年兵庫県南部地震後に，その設計方法が大きく変更された鉄筋コンクリート橋脚．
塑性化が生じた後にねばり強く挙動できるようにするための配筋構造細目が強化（軸方向鉄筋の途中高さでの段落しを避けること，帯鉄筋の径・間隔・定着の強化）．

3-1 鉄筋コンクリート橋脚の設計

ここでは，鉄筋コンクリート橋脚の耐力と変形性能，じん性の向上方法について解説します．

Q 22 鉄筋コンクリート部材のねばりとは？

地震力を受ける鉄筋コンクリート橋脚の破壊モードには，「曲げ破壊型」と「せん断破壊型」があることは2-1で解説したとおりです．せん断破壊型は，断面内に斜めのひび割れが貫通し，急激に水平抵抗を失って破壊に至るモードです．一方，曲げ破壊型は，図-3.1に示すように，軸方向鉄筋が降伏し，曲げひび割れの進展，かぶりコンクリートの剥離，軸方向鉄筋のはらみ出しと，変形とともに損傷は進展していきますが，せん断破壊型のように急激には破壊しないで，一定の耐力を保持しながら変形に追随する破壊モードとなります．

「ねばり」とは，このように部材がせん断破壊しないで弾性範囲を超えるような変形を受けた場合でも耐力を保持しながら変形に追随し，振動エ

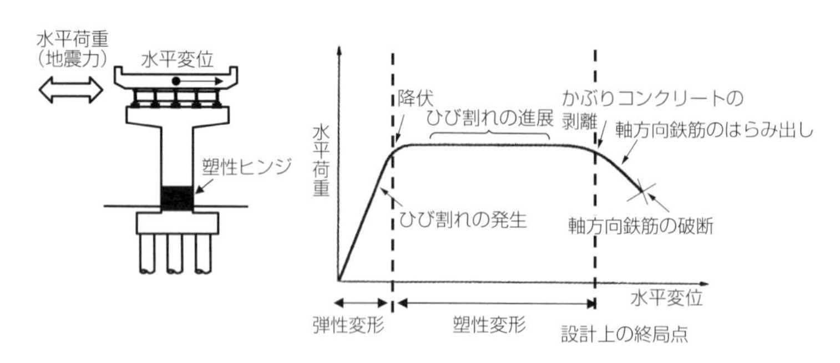

図-3.1　曲げ破壊型の鉄筋コンクリート橋脚の荷重～変位関係と損傷特性

ネルギーを消費できる特性のことを言います．図-3.1の「塑性変形」の範囲が広いほど，ねばり強い，壊れにくいということになります．

●どうすれば，ねばり強くできるのか？

鉄筋コンクリート橋脚において，どうすれば耐力を保持しつつ，変形に追随できる塑性変形性能を大きくすることができるのでしょうか．このために再度，破壊の進展メカニズムに立ち戻ってみましょう．

鉄筋コンクリート橋脚が地震力を受けて水平変位が大きくなると，曲げモーメントが最も大きくなる橋脚基部において，軸方向鉄筋が降伏し，曲げひび割れの進展，かぶりコンクリートの剥離，軸方向鉄筋のはらみ出しを生じます．安定して保持されてきた水平抵抗は，かぶりコンクリートの剥離が生じると，断面内で曲げ圧縮力を支持する断面積が減少するため，水平抵抗は顕著に低下し始めます．かぶりコンクリートの剥離と同時期に軸方向鉄筋の外方向へのはらみ出しも生じ，軸方向鉄筋が保持していた軸力も低下し，最終的には，軸方向鉄筋の内側のコアコンクリート部分が損傷し，あるいは軸方向鉄筋が繰り返し曲げ圧縮変形を受けて破断することによって，橋脚としての水平抵抗を失っていくというメカニズムです．

このような損傷メカニズムに基づくと，耐力の低下を防ぎ，塑性変形の範囲を大きくするためには，まず，かぶりコンクリートの剥離，軸方向鉄筋のはらみ出し，コアコンクリートの損傷等，圧縮力を支持する部分の損傷をできるだけ遅らせればよいということが分かると思います．この目的のために，通常，「横拘束筋」の量を増やします．横拘束筋とは，軸方向鉄筋の周りを囲うように配置する帯鉄筋と断面内を貫通させて配置する中間帯鉄筋のことを言います．断面を横拘束して部材のねばり強さを向上させる鉄筋ということで，横拘束筋と呼びます．横拘束筋の径とピッチを増やすことによって断面の拘束を高め，軸方向鉄筋のはらみ出しの抑制とコアコンクリートの保持を図り，塑性変形の範囲を大きくするというものです．

●拘束が高いほどねばり強い？

軸方向鉄筋のはらみ出しを抑制し，コアコンクリートを保持するという観点では，拘束を高めることが有効ですが，圧縮側ばかり頑丈にしても，今度は引張側が相対的に弱くなってきます．圧縮と引張，耐力とじん性など，なんでもバランスは重要です．引張側は軸方向鉄筋による引張抵抗と伸び性能によって橋脚の耐力と変形に寄与しますが，圧縮側が頑丈になった分，引張側の鉄筋の伸び性能が限界に達し，代わってその破断が塑性変形の範囲の大きさを決める支配条件になってきます．一般的な強度の鉄筋は，単調引張では20％程度の伸び性能を有していますが，地震時には繰返し塑性変形やはらみ出しによる曲げ変形も受けますので，一般にこれよりも小さいひずみで破断します．

このように，拘束さえ高めれば部材の塑性変形の範囲がどこまでも増えるということはなく，破壊モードが変わってきますので，このような破壊メカニズムを理解しておくことが重要です．道路橋示方書[1)]では，最終的な破壊を鉄筋破断ではなく，耐力低下が比較的緩やかなコンクリートの損傷となることを意図して，横拘束筋の上限値（体積比1.8％）が設定されています．

●損傷領域との関係は？

鉄筋コンクリート橋脚の塑性変形の範囲を大きくするもう一つのポイントは，損傷領域となる塑性ヒンジの長さです．図-3.1の橋脚基部の黒くハッチングした領域です．

塑性変形の範囲の大きさは，損傷領域の各断面の塑性曲率をその変形が生じる高さにわたって積分することによって求められます．したがって，橋脚天端に同じ変位が生じた状態でも，損傷領域の各断面の曲率が大きければ，その長さは短くてもよいし，一方，その長さが長ければ各断面の曲率は小さくてもよいということになります．広い範囲で損傷させれば，その範囲内の各断面の損傷度を低くできますが，狭い範囲で損傷させる場合には，その断面の損傷度が大きくなってしまうというものです．「集中」あるいは「分散」の概念になります．

塑性ヒンジの長さが橋脚の塑性変形にどのように影響するかについての一つの実験例を示します．図-3.2は，同一寸法で，軸方向鉄筋量と帯鉄筋量も同一の２体の試験体に対して同じ軸力を作用させた正負交番載荷実験から求めた荷重～変位関係と損傷モードを示したものです．

軸方向鉄筋の降伏後，耐力が安定してほぼ一定となる塑性変形の範囲は，試験体１では約５cm，一方，試験体２では約10cmとほぼ２倍近くなっています．両試験体の損傷範囲，すなわち，かぶりコンクリートが大きく剥

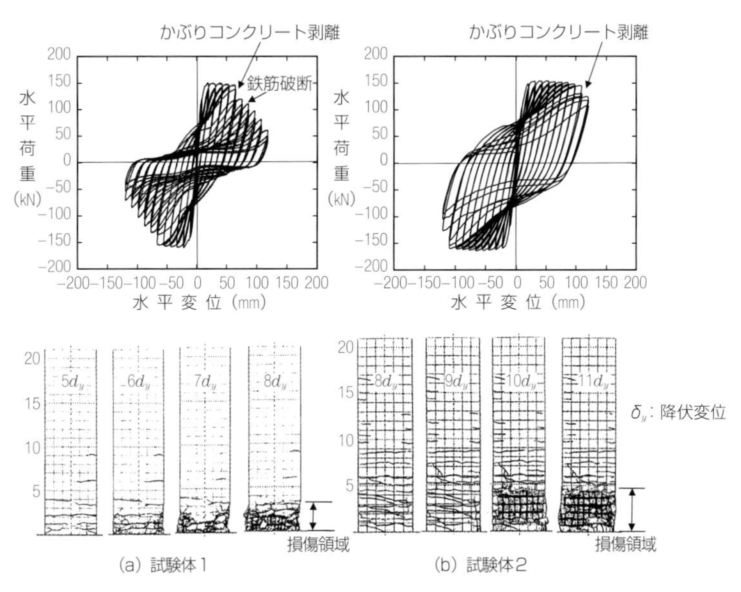

図-3.2　同一試験体（同一寸法，同一鉄筋量）における塑性変形の範囲の大きさと損傷領域（塑性ヒンジ長）の関係[2)]

離している範囲を見てみると，試験体１は断面幅の約半分であるのに対して，試験体２の場合には，ほぼ断面幅となっています．ちょうどこの損傷領域の長さが異なる分，部材としての塑性変形の大きさが変化したと理解することができます．損傷領域を拡大・分散させることによって，同じ程度の断面の損傷度に対して，部材としてはより大きな塑性変形を確保することができるというものです．

ところで，同一寸法，同一鉄筋量の２体で相違点は何かですが，すでにお気づきでしょうか．「荷重の載荷パターン」ではありません．「軸方向鉄筋径」です．試験体１はD10，試験体２はD13を用いています．耐力をほぼ同じにするために鉄筋量は同一ですので，試験体２では本数が少なくなっています．損傷範囲の相違は，軸方向鉄筋が塑性変形を受けて外側にはらみ出す際の変形モードによるもので，同一の横拘束量であれば太径の鉄筋ほど変形モードがより長くなるという特性によるものです．

以上のように，ねばり強さに対しては，損傷モードをいかに制御するかという点が重要であり，こうした特性を踏まえたうえで配筋方法を決めることになります．

Q 23 鉄筋コンクリート橋脚の性能照査は？

地震時保有水平耐力法を適用する場合の耐震性能の照査は，橋脚の応答変位δ_Rが許容変位δ_aを超えないことを確認することによって行います．ここで，δ_Rは橋脚の最大応答変位でエネルギー一定則を用いて算出します．一方，許容変位δ_aは，次式により算出します．

$$\delta_a = \delta_y + (\delta_u - \delta_y) / \alpha$$

ここで，δ_uは橋脚の終局変位，αは安全係数です．なお，変位については，降伏変位の何倍かという意味を持つ「塑性率」としても表す場合も多く，この場合は許容変位に対して許容塑性率といいます．

●終局変位の定義は？

地震による橋脚の変位が増大して，損傷が進展し，安定して保持していた耐力があるレベルを下回った点を終局として定義するのが一般的です．ある耐力レベルについては，いくつかの考え方があり，

①塑性域で安定していた耐力が，低下し始める点

②最外縁の鉄筋が降伏する耐力（初降伏耐力）まで低下した点（弾性設計で確保する耐力相当），あるいは最大耐力の80％相当

③崩壊しないで死荷重を支持できる変位に相当する耐力

などがあります．これらは橋脚を構成する各部材としての必要な性能によって決めることになります．道路橋示方書では，①が終局変位として定義されています．終局といいますと，これをちょっとでも超えたらすぐさま破壊してしまうイメージがありますが，実際には，①を超えても損傷の進展に伴いある程度緩やかに耐力低下を生じますので，破壊までにはまだ多少の余裕があるといえます．

橋脚（高さh）の終局変位δ_uの設計算定式ですが，図-3.3に示すように，①弾性変位δ_y，②塑性ヒンジにおける塑性曲率ϕ_uと塑性ヒンジ長L_pから

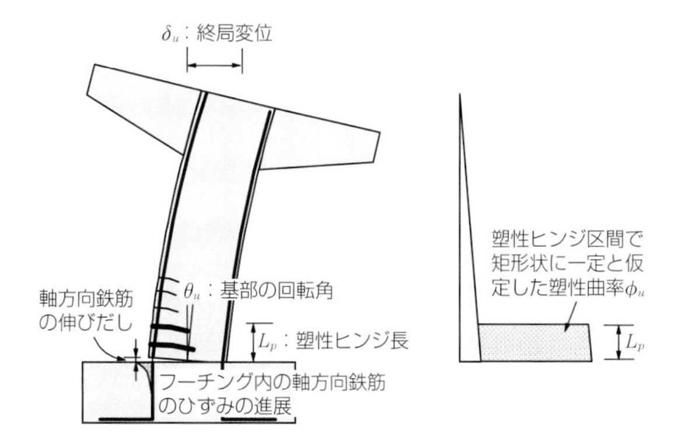

図-3.3　橋脚における塑性変形の寄与（弾性変位，塑性ヒンジ部の塑性変位，基部の伸びだしによる剛体回転変位）

求まる塑性変位，そして，③フーチングからの軸方向鉄筋の伸びだしによる剛体回転角θ_uによる変位，の和として求められます．設計式としては，数多くの橋脚模型の載荷実験データの統計的な分析をもとに，終局曲率と塑性ヒンジ長が設定されています．③の剛体回転は，これを具体的に算出・加算する方法と，塑性ヒンジの中に含めて具体的には算定しない方法があり，道路橋示方書は後者の方法となっています．

●許容変位の定義と安全率αの意味は？

設計では，安定係数αを確保したものを許容変位としてこれを超えないことを照査します．安全係数αは，道路橋示方書では，地震による損傷を限定的なものにとどめることを想定する「耐震性能２」に対して，海洋型の地震を想定したタイプⅠ地震動に対して3.0，内陸型の地震を想定したタイプⅡ地震動に対して1.5が用いられました．

安定していた水平耐力が低下し始める点が設計上の終局変位ですので，これに対して安全係数1.5を確保するということは，終局変位の設計算定式の精度のばらつきも考慮したうえで，かぶりコンクリートが大きく剥離する前の状態に抑える，降伏を超えてひび割れが進展する程度の損傷状態にとどめるということになります．

●なぜ地震動のタイプで安全係数を変えるのか？

終局変位の設計算定式は，載荷実験データに基づいています．したがって，実験においては，実際に地震を受ける状態を反映することが重要であるのは言うまでもありません．鉄筋コンクリート部材の場合，破壊に至るような大きな塑性変形領域では，載荷繰返し回数がその損傷の進展に影響を及ぼします．繰返し回数が多いと同じ載荷変位であっても損傷は進展してしまいます．

道路橋示方書では，このような繰返し回数の影響が考慮されています．

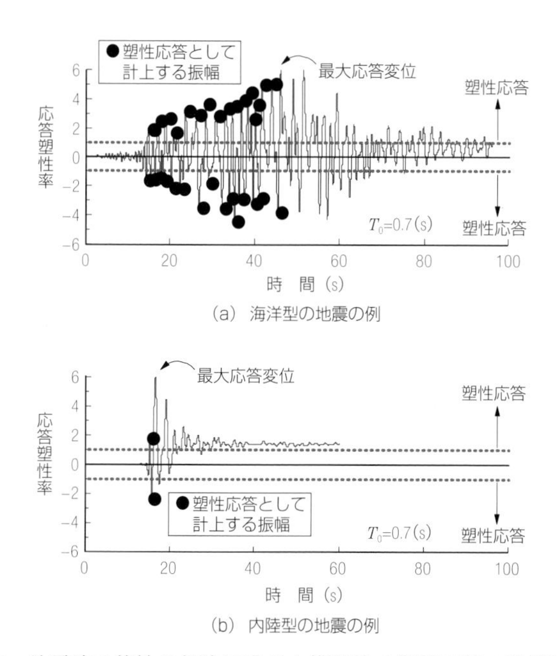

図-3.4　地震波の特性の相違に応じた構造物の塑性応答の繰返し回数（固有周期T_0＝0.7秒の構造物の場合）[2)]

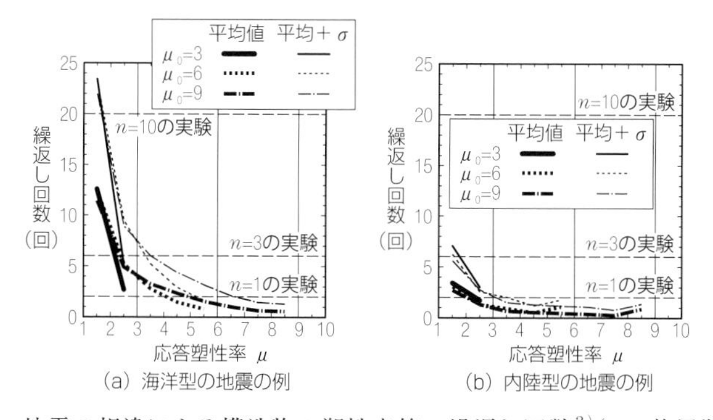

図-3.5　地震の相違による構造物の塑性応答の繰返し回数[2)]（μ_0：終局塑性率）

海洋型の大規模地震は断層面も大きくなるため地震動の継続時間が長く繰返し回数が多い，一方，内陸型のＭ７クラスの地震の場合には繰返し回数が少ない，という地震動特性から，載荷変位を増加させながら行う正負交番載荷実験の方法として，前者に対しては各変位で10回，後者に対しては各変位で３回の繰返しを考慮した載荷実験データが基本となっています．

さて，実際の地震はどの程度の繰返し回数があるのでしょうか．実地震による観測波形をもとに構造物の揺れの繰返し回数を検討した一例を示します[2)]．

図-3.4は，ある地震動が作用した場合の構造物の応答波形を示したものです．海洋型の地震と内陸型の地震に対する例をそれぞれ示しています．海洋型地震の方が継続時間も長く，また，構造物に最大応答が発生するまでの繰返し回数が多いことが一見して分かります．一方，内陸型地震の方は急激に振動が大きくなりますが，繰返し回数は明らかに少ないことが分かります．

このような応答波形の繰返し回数を数多くの地震記録波形に対して解析して統計的に整理した結果が図-3.5です．応答変位が大きいほど繰返し回数は減少します．終局塑性率μ_0＝６の橋脚を想定すると，海洋型地震に対して，平均的には塑性率１～２の繰返し回数が約13回，２～３が５回，３～４が３回，４～５が２回，５～６が１回となっています．一般的な鉄筋コンクリート橋脚であれば，塑性率が２程度以下と塑性率の低い範囲では，繰返し回数が損傷の進展に及ぼす影響は大きくないことから，繰返しの影響としては，平均的には繰返し回数３回程度を考慮した実験に相当しています．一方，内陸型の地震に対しては，いずれの変位の載荷回数も２回程度以下となり繰返し回数１回の実験に相当しています．このように，海洋型の地震と内陸型の地震では地震動特性が異なるので，これが安全係数の設定に反映されています．

なお，Ｍ８クラスの海洋型の地震については，観測データ自体が非常に少ないので，今後，このような構造物に影響を及ぼす地震動特性の研究も重要です．

●縮小模型実験で実物の構造物を再現できているのか？

土木構造物は，一般に非常に大きく，鉄筋コンクリート橋脚でも断面は数m規模です．その破壊特性や耐力や変形特性といった力学特性を知るためには実験が不可欠ですが，断面が数m，高さが十数m規模の橋脚の実大実験を数多く行うのは施設などの制約から非常に難しいのが実状です．このため縮小模型を用いた実験を行うことが必要になりますが，ここで重要となるのが「模型実験手法」です[2]．

曲げ破壊型の実大橋脚と縮小橋脚模型の載荷実験により実験手法を比較検討した一例を示します．

写真-3.1は２つの試験体を示したもので，縮小模型は実大橋脚の1/4です．断面寸法のみならず，鉄筋径などもできる範囲で近い縮小率にしてい

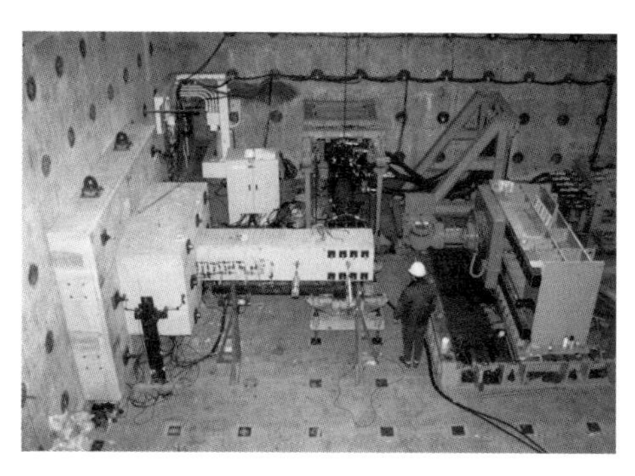

(a) 縮 小 橋 脚

(b) 実 大 橋 脚

写真-3.1　載荷実験の寸法効果の影響を検討した例[2]

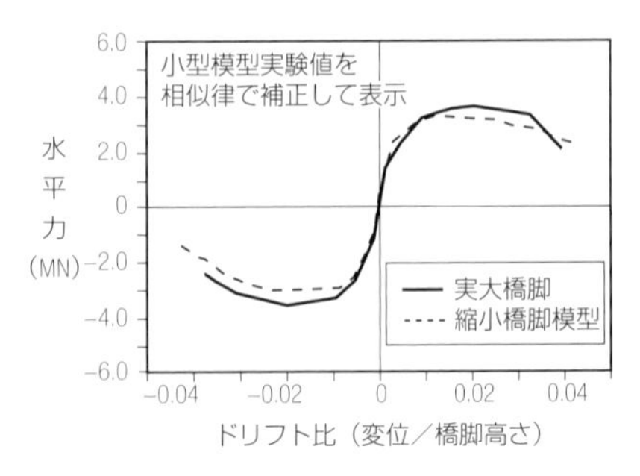

図-3.6　実大橋脚と縮小模型の載荷実験から求められた荷重～変位関係の比較[2)]

ます．図-3.6は，結果の一例として荷重～変位関係を比較したものです．比較的大きめの模型で，また，縮小化に配慮して模型を作成すれば，荷重～変位関係や損傷分布など概ね縮小模型実験によっても実大構造物の破壊挙動を再現できると考えられます．

もちろん，こうした検証実験例の数は少なく，また，ミクロには拘束効果など単純な相似律の関係では表せないと考えられる現象もありますので，より厳密な評価についてはさらに研究が必要です．

Q 24 じん性を向上させる方法は？

じん性，すなわち，ねばり強さを向上させるには，断面の拘束を適切に高めるとともに，軸方向鉄筋の継手や鉄筋の断面変化部（段落し部）などで損傷の弱点部とならないようにすることが必要になります．横拘束効果を高めるために配置する帯鉄筋と中間帯鉄筋の効果を確実にするためには定着方法がもう一つの重要な細目となります．

写真-3.2は，帯鉄筋に重ね継手が用いられた古い時代の鉄筋コンクリート橋脚の地震による損傷例です．重ね継手は周囲のコンクリートがしっか

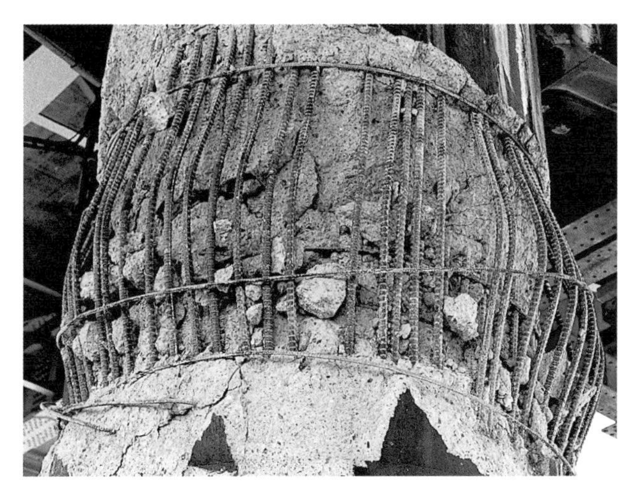

写真-3.2　かぶりコンクリートの剥離により帯鉄筋の定着が外れた地震被害例

りしていれば継手長を確保することにより十分な定着が得られますが，継手周囲のコンクリートが損傷しだすと，ばらばらと外れだし，軸方向鉄筋を拘束する効果，あるいは，せん断耐力を確保する効果も低下します．地震時にはかぶりコンクリートにひび割れが進展し，これが損傷するようなことも考慮しますので，仮にコンクリートが剥離してもその横拘束効果が確実に機能するような定着方法が現在使われています．

じん性を向上させる配筋細目は，図-3.7(a) に示す地震時に塑性化を考慮する領域（塑性ヒンジ長の４倍の区間や橋脚高さの0.4倍の区間）とそれ以外の塑性化を考慮しない領域に区分して決められています[1),3)]．

前者に対しては，帯鉄筋と中間帯鉄筋の定着としては，半円形フックもしくは鋭角フックが標準とされ，直角フックを用いる場合にもこれが抜けださないように中間帯鉄筋をフックする方法が示されています．中間帯鉄筋についても，帯鉄筋に半円形フックもしくは鋭角フックによって内部のコンクリートに定着する方法です．

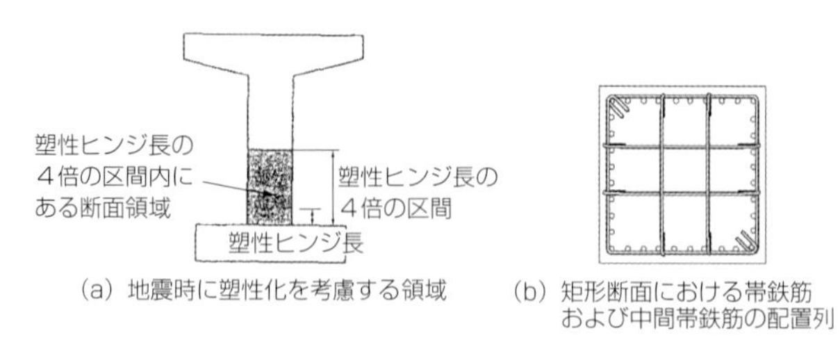

図-3.7　横拘束筋（帯鉄筋，中間帯鉄筋）に対する構造細目例[1)]

ところで，図-3.7(b) のように矩形断面に対する帯鉄筋と中間帯鉄筋の配置例がありますが，このように帯鉄筋が閉合した形状の場合や，中間帯鉄筋の両側に半円形あるいは鋭角フックが設けられた場合，どうやって施工するかも重要になってきます．例えば，両側に半径フックを有する中間帯鉄筋ですが，このままでは帯鉄筋を配置した後で設置することは実際には不可能です．このような配筋の場合，軸方向鉄筋を建て込んだ後，上から落とし込みながら鉄筋を組んでいくことが必要になってきます．かぶりが剥離しても拘束効果を確保可能で，かつ，施工も容易となる機械的に定着効果を高めた構造（中間帯鉄筋のフック部の剛度を高めて，鋭角フックと同等の性能を発揮する構造）なども開発，実用化されてきています．

コンクリートの場合，その品質には，施工の確実性が非常に重要です．拘束を高めるために，鉄筋量を密にすることは必ずしも得策ではありませんので，確実な施工が可能なように十分配慮した構造とすることが重要です．

一方，塑性化を考慮しない領域では，軸方向鉄筋の降伏は生じませんので，帯鉄筋と中間帯鉄筋は，部材における応力分散とせん断補強を目的として配置することになります．このため例えば帯鉄筋の配置間隔は，300mm以下（塑性化を考慮する領域では帯鉄筋の直径に応じて150mm以下等），中間帯鉄筋はせん断補強が必要な区間で，また，部材の有効高の1/2以内に配置（塑性化を考慮する領域では帯鉄筋を配置する全断面）となっています．

〔参 考 文 献〕
1）(社)日本道路協会：道路橋示方書・同解説Ⅴ耐震設計編（2002.3）
2）土木研究所：橋の耐震性能の評価に活用する実験に関するガイドライン（案）（橋脚の正負交番載荷実験方法及び振動台実験方法），土木研究所資料第4023号（2006.8）
（http://www.pwri.go.jp/team/taishin/publication/tmpwri4023.pdfからダウンロード）
3）(社)日本道路協会：道路橋示方書・同解説Ⅳ下部構造編（2002.3）

3-2 鋼製橋脚の設計

ここでは，鋼製橋脚の耐力と変形性能，じん性の向上方法について解説します．

Q25 鋼製橋脚の耐震設計は？

平成７年（1995年）兵庫県南部地震では，古い時代に建設された鋼製橋脚２基が倒壊するなど，地震によって初めて甚大な損傷を生じました．写真-3.3は，倒壊した矩形断面の鋼製橋脚を示したものです．大きな地震力の作用によって補剛板に局部座屈が生じ，それに伴い角溶接部で縦方向の割れが進展して，断面を構成する４枚の補剛板が分離してしまったものです．橋脚として上部構造の荷重を支持できなくなり，最終的にこのような破壊

写真-3.3　角溶接部の破断による矩形断面鋼製橋脚の倒壊[1)]

(a) 橋脚の傾斜

(b) 亀裂・破断

写真-3.4　円形断面鋼製橋脚の座屈による傾斜と破断[1)]

に至っています．円形断面の橋脚では倒壊まで至った被害はありませんでしたが，写真-3.4のように局部座屈変形の進展に伴って橋脚に大きな傾斜が残留したり，円周方向に破断が生じた被害が見られました．

従来，鋼製橋脚は，座屈または降伏を限界とした弾性範囲内で設計されており，当時は鉄筋コンクリート橋脚（以下，RC橋脚）のように大規模地震に対して塑性域におけるじん性を考慮した設計法はまだ十分整備されていない状況でした．兵庫県南部地震におけるこのような甚大な被害の経験を踏まえ，各方面で多くの実験研究が実施され，鋼製橋脚においても降伏後の変形性能を考慮した耐震設計法が導入されました．

●どうすればねばり強くできるのか？

鋼製橋脚において，どうすれば，耐力を保持しつつ，変形に追随できる塑性変形性能を大きくすることができるのでしょうか．RC橋脚の場合と同様に，破壊の進展メカニズムに立ち戻ってみる必要があります．

鋼製橋脚が地震力を受けてその水平変位が弾性範囲を超えて大きくなると，一般に曲げモーメントが最も大きくなる橋脚基部において，補剛板の降伏が生じ，局部座屈が進展します．さらに変位が大きくなると，補剛板そのものや角溶接部で割れを生じるようになります．補剛板の顕著な座屈や亀裂の進展により断面内の圧縮力の支持性能が低下し，それによって部材としての水平抵抗は顕著に低下し始めます．これは軸方向鉄筋が降伏し，曲げひび割れの進展，かぶりコンクリートの剥離，軸方向鉄筋のはらみ出しを生じて，水平抵抗を失っていくというRC橋脚とほぼ同じメカニズムです．鋼製橋脚における補剛板の座屈や亀裂と，RC橋脚におけるコンクリートの剥離，圧壊など，断面内の圧縮力の支持性能の低下が水平抵抗の保持に大きく関係している点は共通です．

このようなメカニズムに基づくと，損傷の進展に伴う耐力の低下を防ぎ塑性変形の範囲を大きくするためには，補剛板の座屈の進展など圧縮力を支持する部分の損傷をできるだけ遅らせればよいということが分かります．

RC橋脚では，この目的のために，軸方向鉄筋のはらみ出しの抑制とコアコンクリートの保持を図るための横拘束筋を増やしますが，力学的な考え方は鋼製橋脚でも同じで，軸方向鉄筋に代わって補剛板の局部座屈とその進展を抑制することが必要になります．

鋼製橋脚の内部にコンクリートを充填する方法は，鋼製橋脚の変形性能を向上させる１つの代表的な方法です．RC橋脚においてかぶりコンクリートと帯鉄筋が軸方向鉄筋のはらみ出しを抑えるのと同様に，充填コンクリートは鋼製橋脚の補剛板の局部座屈の発生と進展を効果的に抑制できるためです．

コンクリートを充填しない鋼製橋脚の場合には，図-3.8のように，ぜい性的な破壊を防ぐとともにできるだけ補剛板の座屈を遅らせる，あるいは分散させてじん性を向上させる構造細目が用いられています[2)]．矩形断面では，それが橋脚の破壊につながる角溶接部の割れを防止するために，角部を補強したり，溶接部を強化したり，あるいは角溶接部そのものをなくすという構造方法があります．円形断面では，局部座屈を分散させるため

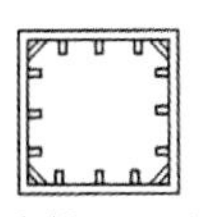

(a) 角部にコーナープレートを当てて補強した構造

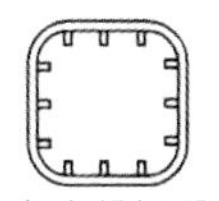

(b) 角部を円弧状とし角溶接をなくした構造

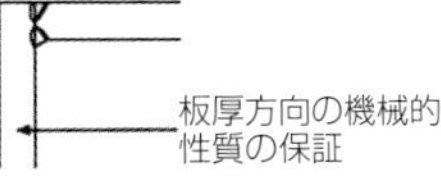

(c) 角部の溶接について十分な溶込みを確保できるように配慮した構造

(1) 矩 形 断 面

(d) 鋼管の外側に隙間を空けて鋼板を巻き立てた構造

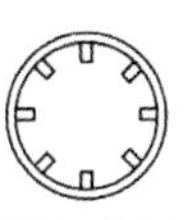

(e) 鋼管を縦リブで補強した構造

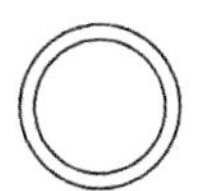

(f) 鋼管の径厚比を制限した構造

(2) 円 形 断 面

図-3.8　コンクリートを充填しない鋼製橋脚のぜい性的な破壊を防ぐための構造細目の例[2)]

に橋脚の周囲に隙間を空けた拘束鋼管を設置したり，厚板断面や縦方向補剛材を追加した構造によって，局部座屈に伴う圧縮力の保持性能の低下を軽減する構造方法が用いられています．

ただ，鋼材は，もともと高強度材料ですので，変形性能の増大をどこまでも期待する構造を目指すよりは，一般に耐力で勝負する方が得意ですので，耐力と変形性能のバランスはRC橋脚と同様に重要です．

●変形性能評価に繰返し載荷の影響を考慮しないのか？

RC橋脚では，レベル２地震動に対する設計上の許容変位は，水平耐力が低下し始める終局変位に対して，安全係数として，内陸型の地震に対しては1.5，プレート境界型の地震に対しては３という値が設定されていました．RC橋脚の場合，かぶりコンクリートが剥離するかしないかというような塑性変形域においては，その変形性能は載荷繰返し回数の影響を顕著に受けるためで，地震動の特性に基づいて安全係数が設定されているのです．

一方，鋼製橋脚の許容変位は，道路橋示方書においては，載荷実験結果に基づき，水平力が最大となる時の変位を目安として設定されています．これは水平力が最大となる付近の変位までであれば，局部座屈による変形が小さいため，弾塑性挙動に及ぼす座屈の影響が小さく，載荷繰返し回数の影響をほとんど受けずに安定した非線形履歴特性が得られるためです．鋼製橋脚は，局部座屈が大きくなると，載荷繰返し回数の影響はRC部材以上に顕著になってきますので，最大水平力を超え耐力の低下域まで許容変位を考慮する場合には，こうした繰返しの影響も重要になってきます．

道路橋示方書においては，鋼製橋脚の許容変位は，同等の構造細目を有する供試体を用いた繰返しの影響を考慮した載荷実験に基づき定めることが原則とされています．なお，許容値としている水平力の低下がほとんど起こらない領域の最大変位付近までであれば，座屈の影響を考慮できる弾塑性有限変位解析により，載荷実験結果から得られる弾塑性挙動を比較的精度よく再現できるようになってきていることから，橋脚の弾塑性挙動を適切に表現できる解析による場合には，その解析結果に基づいて許容変位等を定めてよいとされています．

水平力が最大となる付近までの力学特性を表す非線形履歴モデルについては，道路橋示方書では，正負交番載荷実験データをもとにM－ϕ関係による方法が示されています．これらのモデルの適用対象とする実験データの範囲が明確に示されていますので，適用範囲を超える場合には，データの追加等十分な検討が必要とされます．

近年の解析技術の進展により，M－ϕ関係による鋼製部材の非線形履歴モデルのほかに，鋼橋全体をファイバーモデルによってモデル化し，全体系の解析から求められる塑性領域の平均ひずみ値によって耐震性能を照査する手法も提案されています．いろいろな手法の開発，活用が期待されますが，いずれの限界状態の評価式も実験データに基づくものであり，そうした新たな評価式を適用する場合には，もととなった実験データの範囲と評価しようとする部材の条件が整合していることを十分に検討することが前提となります.

〔参考文献〕

1）兵庫県南部地震道路橋震災対策委員会：兵庫県南部地震における道路橋の被災に関する調査報告書（1996.12）
2）(社)日本道路協会：道路橋示方書・同解説V耐震設計編（2002.3）

3-3 地盤の耐震性と基礎の設計

ここでは，液状化判定方法とその設計上の取扱い，基礎の設計方法について解説します．

Q 26 液状化の発生メカニズムは？

液状化とは，地下水位以下にある緩く堆積した砂質土が強い地震動を受けて液体のようになる現象です．

緩い砂質土は，土粒子間の間隙が相対的に大きいので，地震によって強い繰返し荷重が作用すると，土粒子間の間隙の水の圧力が上昇し，これによって土粒子間の噛み合わせが徐々に失われ，最終的に，土粒子は水の中に浮いている状態となってしまいます．これが液状化で，液状になった地盤は構造物の基礎を支持する抵抗を失い，また，地盤が傾斜している場合などには，重力の影響で地盤自体が低い方向に流動する現象を生じることになります．

こうした液状化現象によって橋が著しい影響を受けたのが昭和39年（1964年）の新潟地震による昭和大橋の落橋であったのは**第１章 1-1**で解説したとおりです．昭和大橋の落橋被害を契機に，FL法という液状化判定法が開発，導入され，その後の被害経験や研究データをもとに改良が重ねられながら現在に至っています[2)]．

平成７年（1995年）兵庫県南部地震では，強い地震動により臨海埋立地などで広範囲に液状化が発生しました．水際線近傍で液状化に伴う地盤の流動化が発生した箇所では写真-3.5のように残留変位が生じた基礎もありました．ただし，液状化が主原因となった落橋被害や，液状化によって地震時の安定性に影響を及ぼすような基礎の構造的な被害は生じておらず，液

写真-3.5　地盤の液状化・流動化による橋脚基礎の残留変位
（阪神高速道路５号湾岸線新夙川橋）

状化の判定法や基礎の設計法の高度化が効果を上げてきたと言えます．

●液状化の発生しやすい地盤は？

液状化の発生条件は，水と緩い比較的粒形のそろった砂質土の２つと地震動です．粒形などの具体的な土質条件については，既往の液状化地盤の土質試験結果に基づいて設定されてきました．従来の知見では，液状化しやすい地盤は細粒分含有率が低く粒度配合の悪い細砂とされ，液状化判定の対象となる土は，主に新潟地震のデータに基づき，平均粒径D_{50}が0.02～2.0mmの沖積砂質土とされてきました．

しかしながら，兵庫県南部地震では，平均粒径D_{50}が0.5～３mmであった湾岸埋立地において，従来液状化しないとされていた粒形の大きい礫質土でも強い地震動によって広範囲で液状化が生じ，橋梁基礎の移動などの影響を及ぼしました．このような実被害の分析や試験結果，地盤調査精度など経験的な事実などをもとに，液状化の判定を行う必要がある砂質土層の条件が設定されています．

●洪積土は液状化するのか？

道路橋示方書には，洪積土では兵庫県南部地震を含む既往の地震において液状化したという事例は確認されていないこと，洪積土は一般にN値が高く，また，続成作用により液状化に対する抵抗が高いため，液状化の可能性は低いと示されています．したがって，液状化の判定の対象とするのは，沖積砂質土や埋立土であり，洪積土については低いN値を示したり，あるいは続成作用を喪失した土層などの特殊な場合を除いて対象とする必要はないことになります．

なお，洪積土が土質的に絶対に液状化しないのかについては，せん断応力をどんどん大きくして試験をすれば液状化に相当する現象は生じ得ます．ただ，実際の地震ではこうした事例は確認されていないことから，さらに調査，研究が必要な分野と考えます．

●液状化したら地盤は地震動を伝えられなくなるので，設計水平震度を下げられるのでは？

地盤が液状化すると地盤のせん断応力の伝達性能が低下するので，地盤があたかも免震装置のような役割をして，地震による地盤振動が低下，そして構造物への影響も低下するのではないかというものです．

近年の強震観測網の整備によって，貴重な多くの地震観測記録が得られるようになってきています．図-3.9は，平成19年（2007年）新潟県中越沖地震におけるK－NET柏崎の観測波形を示したものです[3)]．

(a)の加速度波形をみると，時間とともに長周期化し，長周期化した波形部分にはパルス的な大きな加速度値が観測されています．このようなパルス状の波形形状は液状化など地盤が非線形化した場合に観測されることが知られています．また，時刻約30秒の手前あたりから，加速度値が急激にほぼ0になっており，地震動が伝播してきていないのか，あるいは液状化によって地震動が伝わらなくなったのか，というような特異な振動性状

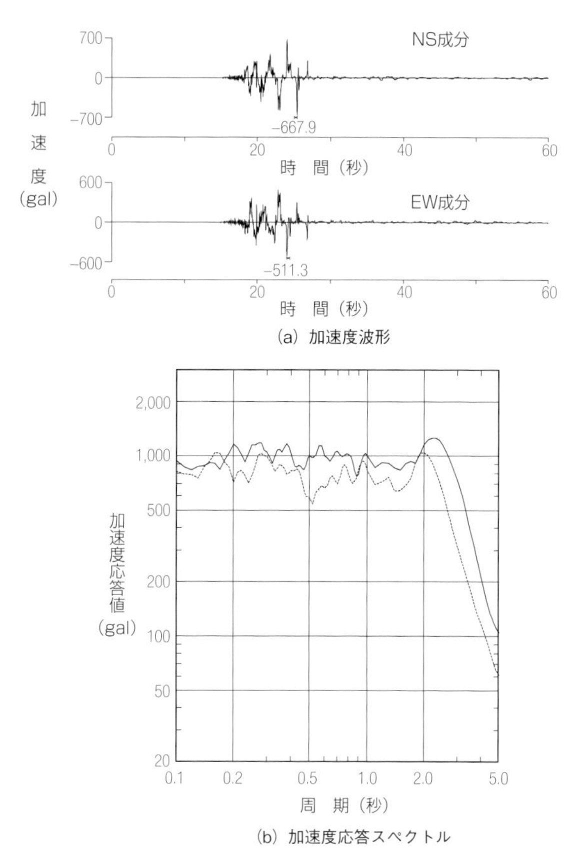

図-3.9　平成19年新潟県中越沖地震によるK-NET柏崎の観測波形[3)]

を示しています．

この波形の加速度応答スペクトルを示した（b）によると，周期２秒程度のところに若干のピークを持っていますが，周期が２秒以下はほぼフラットです．一般的な観測記録の場合，周期の短い領域にピークがある場合が多いですが，柏崎地区では，地盤の非線形化によって短周期の地震動加速度が低減され，周期２秒程度の波形が卓越して振動した一種の免震構造になっていたのではないかと推測されます．

したがって，このような地震動に対しては，当然その振動強度にもよりますが，固有周期の短い構造物はあまり影響を受けないことになります．ちなみに，K－NET柏崎周辺では，木造建物の全壊率が約５％，コンクリート系の建物では大きな被害はなかったとされています．なお，加速度の低減による振動被害は少なくなっても，非線形化，長周期化による地盤変位は相対的に大きくなってきますので，地盤変状に伴う構造的な影響が出てくる場合もあります．

構造物設計を念頭において強震観測データを見る場合には，液状化等非線形化を生じた地盤が基礎の支持層を含む地盤なのか，あるいは基礎の支持層とはならない表層の地盤の振動なのか等，構造物の基礎位置の地盤との関係を理解する必要があると考えています．また，液状化が時刻的にどの時点で発生したのかによって，振動強度と地盤変位の作用による構造物への影響が異なってきます．現状の橋の設計では，地盤の液状化の程度に応じた短周期の地震動の低減効果は考慮されていませんが，こうした現象解明についても今後の研究課題です．

Q 27 液状化の判定方法は？

橋の耐震設計における砂質土の液状化判定は，液状化に対する抵抗率F_Lを用いる方法によって行われています．F_Lは，土層の動的せん断強度比Rと地震時せん断応力比Lの比，すなわち，抵抗と作用力に関する安全率として求められ，その値が1.0以下の土層については液状化するとみなす方法です．標準貫入試験によるN値と土の粒度のみにより液状化強度を評価すること，地盤の地震時のせん断応力を地表面最大加速度から簡易に設定することなど，簡便かつ実務的な方法となっています．

ここで，動的せん断強度比Rは，繰返し三軸試験による液状化強度比R_Lを繰返し回数の異なる内陸型の地震とプレート境界型の地震の特性により補正した値です．R_Lは，繰返し回数20回で軸ひずみ両振幅が５％に達するのに必要なせん断応力の片振幅を初期有効拘束圧で除した値と定義されています．Rは，このような定義に基づく土質試験データをもとに，N値より得られる強度比，細粒分含有率FCや平均粒径D_{50}をパラメータとする実験式として与えられています．

一方，地震時せん断応力比Lは，レベル２地震動によって地表面において生じる加速度を基本とし，地盤の深さによる増幅を考慮した算定式が設定されています．

●地震動特性による補正係数c_wはどのように決定されたのか？

地盤の液状化とその程度は，地震動の強さによりますが，地震動の継続時間や繰返し作用も大きく影響します．同一の最大加速度を有する地震動

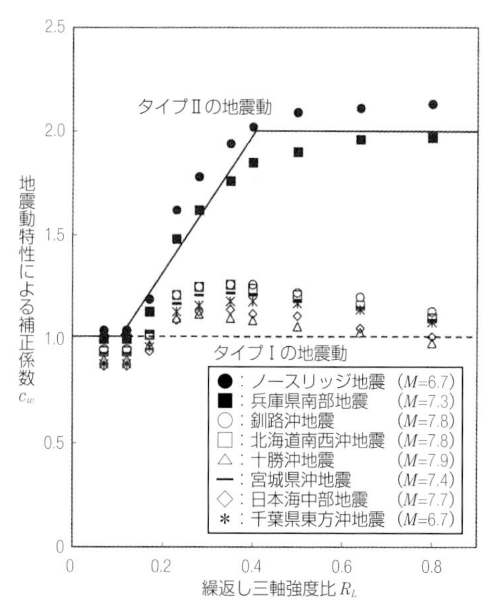

図-3.10　地震動の特性による補正係数c_w [1)]

でも，地震波形に比較的大きな振幅の波が多く含まれている場合と少ない場合を比べると，前者の方が地盤の液状化に対する影響が大きく，また，その影響の差は締まっている土ほど大きくなります．

道路橋示方書では，このような地震動の特性が考慮され，動的せん断強度比R_Lを図-3.10に示すc_wで補正する方法が用いられています．既往の7つの地震で得られた合計130の強震記録と広範囲の密度で得られた豊浦砂の液状化強度曲線を用いて累積損傷度法による分析が行われています．内陸型の地震は，液状化を生じさせるのに有効な地震動の波数が少なくなるため，R_Lが大きな土はこのような地震動に対しては液状化しにくいことが反映されます．

Q28 液状化に対する設計方法は？

基礎の設計において地盤の液状化の影響は，F_Lの値に応じて土質定数を低減させることにより考慮されます．液状化しないものとして求められた土質定数に低減係数D_Eを乗じて設計定数を与えます．低減させる土質定数は，地盤反力係数，地盤反力度の上限値および最大周面摩擦力度であり，液状化によって地盤定数が低減する分，必要とされる剛性や耐力を基礎に確保するために基礎サイズなどを拡大していくことが必要になってきます．

K－NET柏崎の観測記録で示したように，地盤に液状化が生じる過程の構造物の過渡応答は複雑で，また，仮に地盤が不安定になると判定されても地震動や地盤の物性によっては設計で想定していたとおりの状況にならない可能性もあります．このため道路橋示方書では，液状化を考慮した耐震性能の照査のほかに，液状化が生じないとした場合の耐震性能の照査も行い，いずれか厳しい方の照査結果を用いることとされています．なお，基礎の耐震設計では，液状化する場合は基礎の降伏以降のエネルギー吸収を考慮した設計を行う場合もありますので，基礎を降伏以内とすることを原則とする液状化しない条件の方が設計上は厳しくなる場合もあります．

●D_Eはどのように設定されたのか？

D_Eは，F_Lと動的せん断強度比Rの値に応じて，0，1/6，1/3，2/3，1と設定されます．この低減係数は，実験データに基づいて設定されています[4]．

図-3.11は用いられた実験装置を示したものです．内径300mmの密閉型の円筒容器で，砂層を形成させる下部容器と空気室からなる上部容器から構成され，砂層内の間隙水圧と空気室の空気圧の圧力制御ができ，ダイヤフラムを介して砂層に所定の有効上載圧を設定できるようになっています．ダイヤフラムの中央に直径60mmの円盤型の載荷板が取り付けられ，

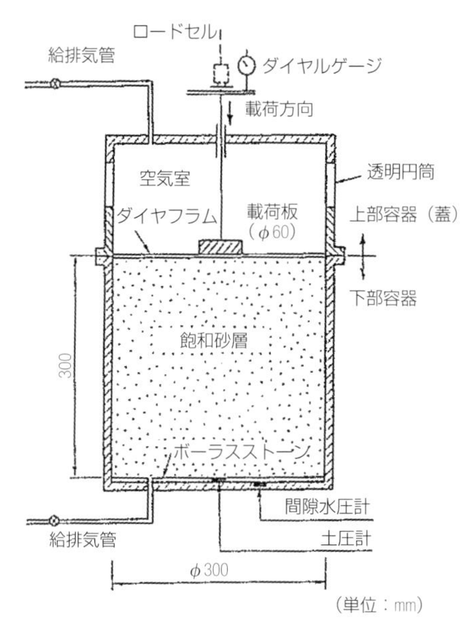

図-3.11　地盤の液状化に伴う地盤反力特性の評価のための実験装置[4]

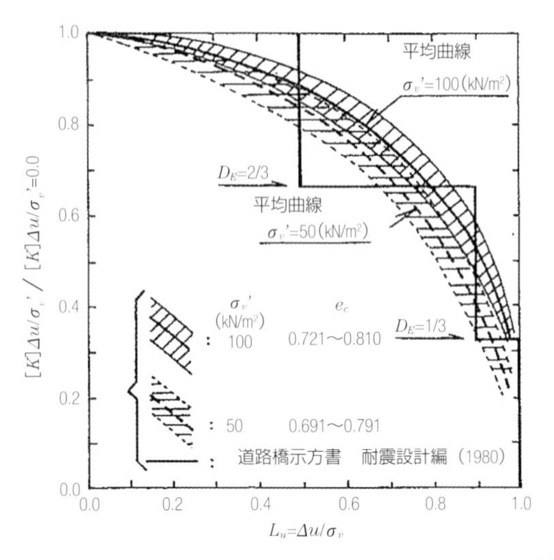

図-3.12　地盤反力係数比と過剰間隙水圧比の関係付け[4)]

載荷ロッドを介して油圧で静的載荷が可能な装置です．砂層に任意の有効上載圧と過剰間隙水圧が作用する状態で静的な貫入載荷試験を行い，計測荷重と貫入変位量の関係から，地盤の反力係数を求める試験装置です．

このような実験に基づき，液状化による地盤反力係数の低下率と過剰間隙水圧，また，F_Lとの関係を示した例が図-3.12です．過剰間隙水圧が大きくなると，F_Lが低下し，その際の地盤反力係数の低下率は，右下がりの曲線の関係が得られています．設計実務上は，その精度と設計への適用性も検討され，階段状の簡単な低減係数として設定されています．

●F_L＜1，D_E＝1は液状化していないのか？

F_L法は，その値が1.0以下の土層については液状化するとみなす判定方法となっています．ただし，例えば，$2/3<F_L<1$では，$D_E=1$，すなわち，土質定数の低減を行わない条件もあります．地震時に液状化はすると判定されるが，土質定数を低減するまでの液状化度合いではないということに

なります．

橋梁設計では，地盤の液状化が生じる条件の場合には，レベル２地震動に対する橋台基礎の照査や落橋防止システムの設置などの設計上の配慮を行うようになっています．液状化はしているけれど，土質定数を低減しないので，液状化していないのと同じで，こうした配慮はいらないのではないかという議論が出る場合があります．これはどちらが正しい正しくないということではなくて，一つの設計上の判断といってよいと考えます．液状化が生じるような地盤にある橋の場合には，低減係数D_Eが１となる条件であっても液状化に対する配慮をするというのが一般的です．

●液状化層が非常に薄い場合は液状化するのか？

ボーリングデータによれば，「地層の中に液状化すると判定される非常に薄い層があるが，これは液状化層として評価しなければならないのか」ということが議論になる場合があります．基本的には，液状化層と判定することになりますが，液状化する土層が非常に薄かったり，平面的に局所的であったりする場合には，基礎構造に大きな影響を及ぼさないと判断できる場合もあります．

基準等に，一律，どの厚さから液状化層とみなすとは規定されていませんので，個別の橋の条件によって設計者として判断する必要があるところです．なお，道路橋示方書では，土質試験法やF_L法，そして土質定数の低減係数D_Eやその設計への影響などが考慮され，「F_L値は標準貫入試験が実施された深度において得られるが，D_Eは通常は１m程度間隔でF_Lを計算し，土層ごとに平均的なF_Lを求めて，これより求めるのがよい」とされています．

Q29 流動化とは？

兵庫県南部地震においては，臨海部における橋梁で，地盤が水平方向に移動する流動化が発生し，写真-3.6に示すように橋梁基礎に大きな残留変位を生じた事例が見られました．近年に建設された橋で流動化により大きな残留変位を生じたのは兵庫県南部地震が初めてでした．

橋に影響を与える流動化の発生要因については，特に定量的な面で十分解明されていない点も多いですが，一般には，傾斜地盤において標高の高い方から低い方に向かって生じる地盤流動と，偏土圧を受ける護岸等の移動に伴って背後地盤が移動する地盤流動が考えられています．兵庫県南部地震による被災事例に基づくと，橋に影響を与える流動化が生じる可能性がある地盤としては，図-3.13のように偏土圧を受ける護岸があって，ある程度以上の厚い液状化層が平面的に広がりを持つような条件と考えることができます．

橋に影響を与える流動化が生じる可能性がある場合には，水平剛性のよ

写真-3.6　地盤の液状化・流動化による橋脚基礎の残留変位
（阪神高速道路５号湾岸線新夙川橋）

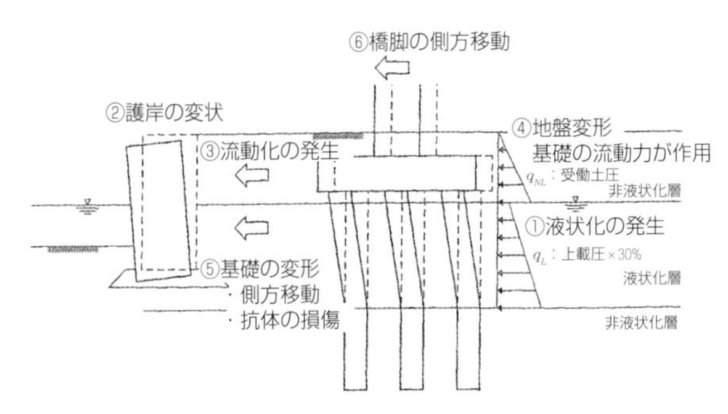

図-3.13　橋脚基礎への流動化の影響メカニズム

り大きい基礎形式の採用とともに，橋全体として地盤変位に対して配慮することが重要になります．

●流動化に強い基礎とは？

写真-3.7は，兵庫県南部地震において，隣接単純橋が落下する被害を受けた西宮港（にしのみやこう）大橋です．本橋周辺の埋立地では広範囲に液状化が生じ，護岸近くでは１～２mの地盤流動変位が観測されています．しかしながら，落橋部のアーチ橋側のケーソン基礎の残留変位は９cm，反対側のケーソン基礎の残留変位は１cmと，地盤の流動変位に比較してケーソン基礎の変位は大きくなく，ケーソン基礎の剛性が地盤変位に対して有効に抵抗したことを示しています．本橋の上部構造の落下は，地盤変位よりも長大アーチ橋の振動が主に影響したことが分析されています．

また，写真-3.6の新夙川（しんしゅくがわ）橋の場合ですが，流動化によって大きな残留変位を生じた一方の桁端部の橋脚は杭基礎で，ここでは約１mの残留変位を生じました．航路をまたいで反対側の桁端部の橋脚の基礎は，断面が比較的小さめのケーソン基礎でしたが，残留変位は0.6mとなっており，もちろん地盤条件の相違はありますが，基礎剛性がより高いほど変位量が小さくなっていると評価できます．

写真-3.7　剛性の高いケーソン基礎（阪神高速道路５号湾岸線西宮港大橋）

●流動力に対する設計は？

流動化が基礎に及ぼす影響を評価する方法としては，大きく地盤変位として考慮する方法と，荷重として考慮する方法があります．道路橋示方書では橋脚基礎に作用する水平力として取り扱う後者のモデルが用いられています[1)]．兵庫県南部地震により流動化の影響を受けた実際の橋脚基礎の分析に基づいて，実際に生じた残留変位量に相当する荷重に抵抗できる水平耐力を基礎に持たせるという考え方になっています．基礎の水平耐力を想定される地盤の流動力以上にすることとし，設計上はこれを基礎の降伏変位の２倍以内という変位で照査する方法となっています．

液状化に伴う地盤の流動化については，昭和39年（1964年）新潟地震や昭和58年（1983年）日本海中部地震では，臨海部以外の傾斜地での事例が確認されています．流動化が生じる土質・地盤条件に応じて剛性の高い基礎を採用することにより流動化による変位を低減させることが可能ですが，今後さらにこうしたメカニズムなど，特に定量的な評価方法に関する更なる研究が必要と考えます.

●応答変位法の適用は？

流動化などの作用を地盤変位として与えて構造物を設計する方法を「応答変位法」と呼びます. 基礎構造やトンネルなどの地下構造物の耐震設計で一般に用いられる方法で, 流動化等の影響を荷重作用として与えるのではなく, 変位作用として与える方法です. 設計で考慮すべき変位作用を設定し, これが基礎に作用した場合に, 所定の挙動以内(変位や断面力が許容値以内)に収まるように基礎の構造や耐力を設計するというものです.

地下の構造物の地震時の実際の挙動としては, 地上の構造物とは相違し, 構造物自身の重量に起因する慣性力によって挙動するのではなく, 地盤の慣性力によって変形が生じる地盤との相互作用によって, 構造物が強制変位を受ける現象となります. このため, 応答変位法の方が実際の現象をより素直に近似している方法といえますが, 地盤と構造物間の相互作用の影響を表すモデルも必要になりますので, 全体の精度や簡便性などを考慮した基礎の実務設計を目的とした場合には, どちらの方法が特に優れているということではないのが現状と考えられます.

Q 30 基礎の設計方法は？

2－1で解説したように, 橋の耐震設計では,「キャパシティデザイン」という橋を構成する部材の耐力を階層化して, 橋全体としての損傷モードを制御する設計の考え方が取り入れられています. 図-3.14に示すように主たる塑性化を橋脚基部に想定した場合には, 地震エネルギーを吸収するために, そこをねばり強い構造にするとともに, 上部構造や支承, 基礎などの他の部材については, 橋脚よりも耐力を大きくして構造全体の損傷挙動を制御するものです.

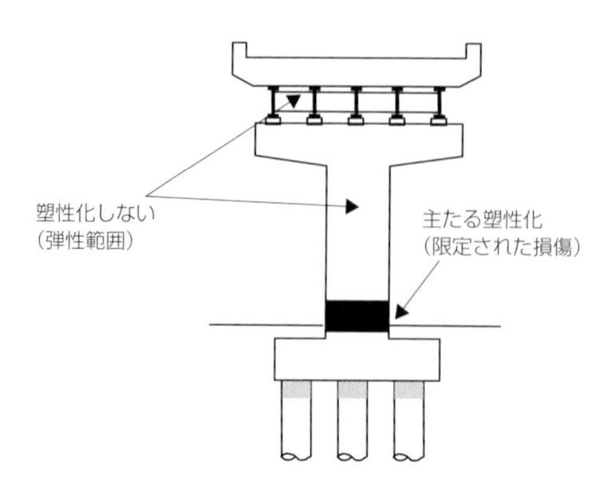

図-3.14　橋脚基部に塑性化を考慮する場合の橋の各部の限界状態の例

さて，基礎は地盤の中にあり，地震後の被害の発見や仮に被災した際の復旧も一般に容易でないことから，通常は橋脚の基部において塑性化を考慮し，基礎には影響のある損傷が生じないように設計します．橋脚の耐力に相当する水平力（震度k_{hp}）を作用させた場合に，基礎が降伏に達しないようにするというものです．図-3.15(a) に示すように橋脚と基礎それぞれの耐力特性において，橋脚と基礎の耐力がこのような大小関係であれば，耐力がより小さい橋脚に塑性化が生じ，基礎は降伏に達しないことになります．

なお，壁式橋脚の橋軸直角方向など図-3.15(b) に示すようにもともと橋脚が大きな終局水平耐力を保有している場合もあり，このような場合には橋脚基部ではなく，基礎における塑性化を考慮した設計も行われます．これは橋脚が設計で考慮する地震力に対して余裕がある場合に，さらに基礎の耐力を橋脚よりも大きくすることが合理的ではないためです．杭基礎に塑性化を考慮する場合には，基礎模型の載荷実験結果に基づき，杭体に大きな損傷を生じない塑性変形，例えば，降伏変位の4倍程度以内が応答塑性率の制限値の目安とされています．

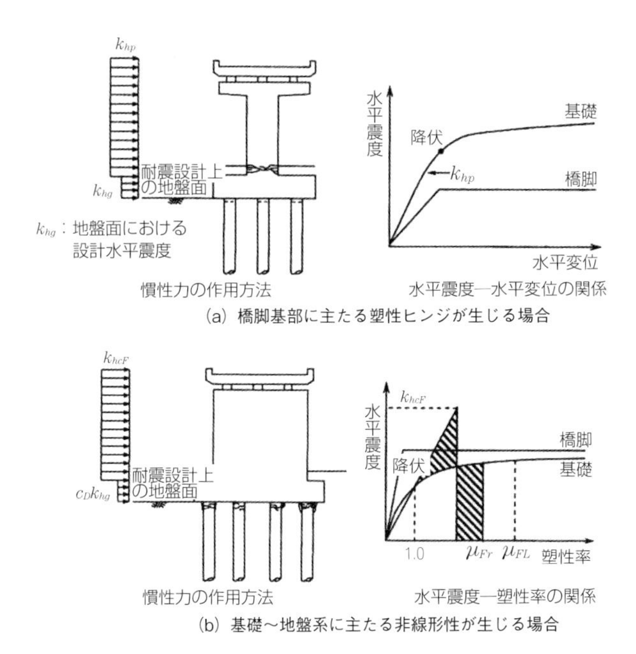

図-3.15　地震時保有水平耐力法による橋脚基礎の耐震設計[1)]

〔参 考 文 献〕

1）(社)日本道路協会：道路橋示方書・同解説V耐震設計編（2002.3）
2）松尾　修：道路橋示方書における地盤の液状化判定法の現状と今後の課題，土木学会論文集 No. 757/Ⅲ-66（2004.3）
3）K-net，KiK-net：(独）防災科学技術研究所が運用している全国約1,800カ所に設置された強震計からなる観測網（http://www.kyoshin.bosai.go.jp/kyoshin/）
4）常田賢一：地盤の液状化，流動化および地表地震断層の工学的な評価に関する研究，土木研究所資料第3910号（2003.9）
5）阪神高速道路公団，財団法人阪神高速道路管理技術センター：阪神高速道路 震災から復旧まで〔写真集〕(1996.12)

3-4 上部構造・支承・落橋防止システムの設計

ここでは，地震の影響を受ける支承部の周辺部材の設計方法として，上部構造，支承，落橋防止システムの設計について解説します．

Q 31 上部構造・支承部・落橋防止システムの被害は？

支承本体や支承本体が取り付く上下部構造などの支承部は，上部構造からの荷重を下部構造に確実に伝達するとともに，活荷重や温度変化等による上部構造の伸縮や回転などの相対変位を吸収するなど，力だけでなく，変位に対する性能も求められます．こうした支承部周辺は，既往地震による被害例が多く見られます．このため，地震発生直後の点検では，まず最初に支承部の損傷や挙動の痕跡などを確認することが一つのポイントとなります．支承部で損傷が多かった理由としては，衝撃的な地震力が上下部構造の接合部である支承部の部材に集中しやすいことが挙げられます．

さて，兵庫県南部地震等における支承部周辺の被害の特徴を簡単に整理してみます．写真-3.8に示すように，

①ピンの切断，ローラの逸脱など支承本体の損傷

②セットボルトやアンカーボルトの破断や損傷，沓座コンクリートや沓座モルタルの損傷，上部構造横桁部の損傷など，支承と上下部構造の取付け部の損傷

③落橋防止構造本体や取付け部の損傷

に大きく分類できます．

兵庫県南部地震では，多くの金属支承に損傷が確認されました．金属支承は，機械的に可動方向が拘束されたり，衝撃的な地震力に対して損傷を

(a) 支承本体の損傷
(支承のピンの切断と桁移動)

(b) 支承取付け部の損傷
(下部構造天端沓座コンクリートの損傷)

(c) 支承取付け部の損傷
(上部構造主桁の損傷)

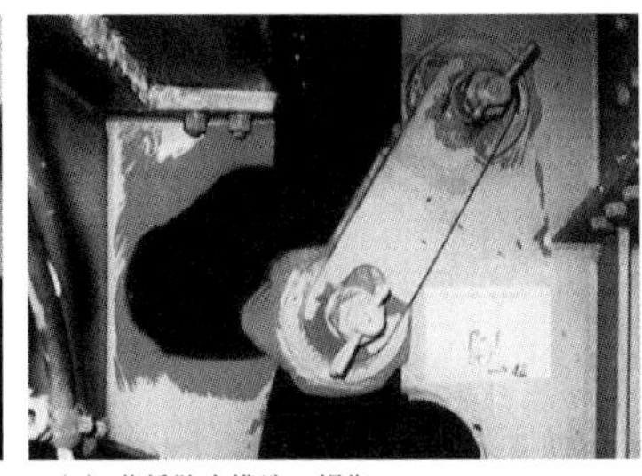

(d) 落橋防止構造の損傷
(連結装置取付け部の損傷)

写真-3.8　支承部周辺の地震被害例

受けやすいことなどが損傷の原因として分析されています．一方，ゴム支承の損傷は金属支承に比較して少なく，ゴムの亀裂やずれが見られた事例はありましたが，これに伴う上下部構造への影響は軽微でした．免震支承もいくつかあり損傷は確認されませんでしたが，地震動の強かった地域ではありませんでした．

上下部構造取付け部の損傷については，鋼上部構造では，支承が橋軸直角方向に逸脱したところにおいて端横桁や主桁端部が座屈する損傷例が多く見られました．コンクリート上部構造では，端横桁が落橋防止構造からの力により損傷を受けた例も見られています．また，下部構造頂部において，アンカーボルトの引抜けに伴う損傷や頂部幅が狭い橋脚で支承部周辺に大きな亀裂損傷が生じた例もありました．

桁端部の支承部周辺に設けられていた落橋防止構造では，桁間を連結する構造において，連結板の損傷，ピンの破断，ウェブの破断・座屈といった構造本体や取付け部の損傷が多く見られました．

こうした被害経験に基づき，現在の耐震設計では，キャパシティデザインの考え方を基本として各構造要素に作用する荷重と保持する性能としての限界状態を設定した設計方法が採用されています．

Q32 支承部の性能と設計方法は？

兵庫県南部地震における被害経験では，支承部の被害でもその損傷モードや程度によって橋の機能が長期間にわたって阻害された場合もありました．支承が破壊し交換を想定した場合，その製造には数カ月を要しますし，支承交換には上部構造のジャッキアップや，場合によって交通規制も必要とされ，必ずしも交換が容易ではありません．このため，現在は，支承部は橋の主要構造部材の１つという考え方のもとで，橋全体としての挙動を考慮したうえで支承部を設計するようになっています．

また，前述のように兵庫県南部地震において被害が少なかったことが確認されたゴム支承や免震支承を用いた多径間連続橋が望ましいとされ，現在は，こうした形式が一般的になっています．ゴム支承は，移動方向が自由で弾性的に変位・復元し，衝撃が生じにくい特性を有するとともに，設計で想定した変位を超えても，ひずみ硬化による変位制限機能も併せ持つことなど，地震時に効果的に機能できることが考慮されています．

支承部は橋の主要構造部材の１つとし，レベル２地震動により支承部に作用する水平力と鉛直力に対して，性能を確保する構造を基本として，設計照査します．これをタイプＢの支承部と呼んでいました．また，両端橋台支持の桁長の短い橋など，もともと構造的に振動が生じにくい橋などでは，支承部を合理化する観点で，レベル１地震動に対する性能を満足し，水平力を支持する変位制限構造と補完して支承部の機能を確保するという支承部を採用することもありました．これをタイプAの支承部と呼んでいました．タイプA，Bいずれも支承部のみで，あるいは変位制限構造と一体的にレベル２地震動に対する性能を確保することから，現在では，タイプBの支承部の性能を基本とし，タイプ分けはなくなっています．

●支承部はヒューズだから破壊させればいいのでは？

上記のように，支承を損傷させることによって，下部構造への力の伝達を低減させ，橋全体としての安全性を確保する支承ヒューズ設計という考え方があります．

兵庫県南部地震においても，いくつかの橋で，例えば，可動支承がヒューズ的に機能し，橋脚の損傷が小さかった事例が確認されています．また，固定支承が損傷した橋脚でも同様に，支承と橋脚の損傷のトレードオフの関係が確認された事例もあります．

しかしながら，ある橋脚ではヒューズ的に機能した一方で，違う橋脚では支承が破壊したのに橋脚も大きく損傷したりして，支承がヒューズになるかならないかが必ずしも確実ではありませんでした．また，支承破壊後に上部構造が大きく変位して落下してしまった例が見られるなど，支承破壊後の挙動の不確実性などが考慮され，現時点では，支承が破壊するからよいというヒューズ設計の概念は取り入れられていません．

しかしながら，もちろん，ヒューズ機構によって積極的な地震力の遮断とその後の変位挙動をコントロールすることによって橋の安定性を確保する機構や設計法も考えられます．支承を破壊させるわけではありませんが，免震構造は，支承の非線形挙動がヒューズ的に機能する設計と考えられ，こうした新しい構造や設計法がさらに進展することが期待されます．

●支承部に作用する地震力と性能照査は？

図-3.14に示したように橋を構成する部材間の耐力の階層化を考慮すると，支承部に損傷を生じさせないための地震力としては，橋脚の耐力に相当する力を考慮すればよいことになります．

一般にこの設計地震力に対して支承部材に生じる応力度が降伏応力度以下相当となることを照査します．設計上の許容値は，支承の性能を安定して確保できることが確認されている範囲で，設定することが基本となります．

Q 33 上部構造の限界状態は？

上部構造は，活荷重を直接支持する部材であるとともに，桁下空間の条件によっては,修復作業に大きな制約を生じる場合も多いと考えられます．このため，上部構造は基本的には損傷させない，仮に塑性化を考慮する場合であっても，損傷は軽微なものに抑え，恒久復旧を行わずとも長期的な供用性を維持できる限界の状態を確保することが望ましいと考えられています．

鋼上部構造については，地震時に繰返し荷重を受けた場合の主桁やアーチリブ等の塑性域での耐力および変形特性に関しては実験データなどの研究の蓄積が多くはありません．このため，現在は，上部構造は塑性化を考慮しない許容応力度範囲とするか，あるいはレベル２地震動に対して鋼上部構造に塑性化を考慮する場合には，鋼上部構造の塑性域の力学特性について，実験やその妥当性が実験結果との比較により検証されている解析法に基づいて十分な検討を行って，耐力と許容変形量を適切に設定することとされています．

コンクリート構造については，近年，正負交番荷重下における耐力や塑性変形性能に関する研究も進められ，実験データも蓄積されてきており，これまでの研究で明らかとなっている範囲で，塑性化を考慮する場合のコンクリート上部構造の許容変形量の設定方法が提案されています．恒久復旧を行わずとも長期的に供用性を維持できる限界の状態としては，コンクリート構造の耐久性上有害とならないとされるコンクリート表面のひび割れ幅で0.2mm程度以下となるような許容値が考慮されています．

Q 34 落橋防止システムの性能と設計方法は？

落橋防止システムは，耐震設計で想定していない挙動や地盤の破壊等により予測できない構造系の破壊が生じても落橋という致命的な事態に対して，できるだけ配慮することが目的とされています．具体的には，支承部が破壊し，上部構造と下部構造が構造的に分離し，これらの間に大きな相対変位が生じて上部構造の落下に至るような状態を想定して，上下部構造間の分離を拘束するシステムとして設けられています．

落橋防止システムは，基本的に桁かかり長，落橋防止構造および横変位拘束構造の３要素で構成されています．桁かかり長は落橋防止システムの基本であり，支承部が破壊し，上下部構造に予期しない大きな相対変位が生じた場合でも所定の桁かかり長を確保することで上部構造が下部構造天端から逸脱するのを防ぐことを意図しています．桁かかり長は，レベル２地震動に対する下部構造天端と上部構造間での相対変位や，地震時の地盤ひずみによって生じる地盤の相対変位を考慮して設定します．

また，斜橋や曲線橋の場合には，兵庫県南部地震による被災事例で確認されたように上部構造の回転や曲線外側方向への移動の可能性があります．このため，上部構造の回転や曲線の外側方向への移動による影響を考慮した桁かかり長の算出方法が設定されています．

落橋防止構造は，支承部が破壊し，上下部構造間に大きな相対変位が生じた場合に，桁端部が桁かかり長に達する前に機能して，相対変位をできるだけ拘束するというものです．桁かかり長が十分確保されていれば変位を拘束する落橋防止構造は不要になりますが，これらの2つの機構によって落橋という致命的な事態に対して配慮しようというものです．

横変位拘束構造は，支承破壊後に変位を制限することを目的とし，斜橋や曲線橋，あるいは地盤流動の影響により橋軸直角方向に橋脚に移動が生じる可能性の高い橋等では，橋軸直角方向に対して設置します．

●落橋防止システムはどこまで落橋に対応できるか？

前述のように落橋防止システムは，予測できない構造系の破壊が生じても落橋という致命的な事態に対して，できるだけ配慮することが目的とされています．特に落橋につながる事例が多かった支承部の破壊に伴う上下部構造間の相対変位が考慮されています．ただし，未知の地震動による下部構造の崩壊や，極めて大きな断層変位などに対して，落橋防止システムさえ設ければ落橋に対する安全性を100％確保するということは困難です．

写真-3.9 平成15年宮城県北部地震で落橋防止構造が上部構造の変位を拘束した例

このため，このような未知の災害に対する配慮としては，支承部での上下部構造の分離に対応する落橋防止システムのみならず，耐震性の高い構造形式の選択や，被災時のネットワークの確保，早期の復旧技術などを含めて考えていくことが重要になります．

●落橋防止構造が効果的に機能した事例は？

写真-3.9は，落橋防止構造が有効に機能した一例を示したものです．平成15年（2003年）宮城県北部地震において，支承部が破壊し，上部構造が大きく変位しましたが，上部構造と橋台を連結したケーブルが有効に機能して変位を拘束した例です．このほかに，地震によるものでないものも含めますと，山岳部の橋梁が雪崩を受け，支承破壊後に落橋防止ケーブルが桁の変位を拘束して落橋を防止できた例[2]，津波の影響に対して変位制限構造が有効に機能した例などがあります[3]．

〔参 考 文 献〕
1）(社)日本道路協会：道路橋示方書・同解説V耐震設計編（2002.3）
2）鈴木紳也，岩崎俊夫，小山嘉紀，浅井忠昭：雪崩により損傷した鋼桁の調査・補修設計，第39回建設コンサルタンツ協会近畿支部研究発表会論集（2005.7）
3）例えば，運上茂樹：2004年スマトラ島沖地震による道路・橋梁の津波被害調査，土木施工，Vol. 46, No. 8（2005.8）

第 4 章

耐震性に優れた構造計画

栃木県那須烏山市に1992年に完成した山あげ大橋（橋長246.3mのPC6径間連続箱桁形式の免震橋）.
免震技術開発の黎明期に建設省（現国土交通省）によって免震技術の実用性を検証するためのパイロット事業として選定された5橋のうちの１橋．第1号となった宮川橋（静岡県，竣工1991年，鉛プラグ入りゴム支承（LRB））に次いで，山あげ大橋は我が国で最初に高減衰ゴム支承（HDR）が用いられた免震橋．竣工直後には振動特性を確認するための実橋振動実験とともに，供用10年後には実支承の耐久性確認試験が実施され，貴重なデータを取得.

4－1 耐震性に優れた構造計画

ここでは，耐震性に優れた構造計画について，地震時水平力分散構造と免震構造の基本的な考え方について解説します．

Q35 耐震性に優れた構造とは？

耐震設計にあたっては，地形・地質・地盤条件，立地条件等を考慮し，耐震性の高い構造形式を選定するということが基本になっています．構造形式の選定では，完成系での耐震性のみならず，所定の品質を確保した確実な施工や施工途中段階の構造の安定性，さらには長期の耐久性なども重要になります．

さて，改めて「耐震性の高い構造」とはどういう構造でしょうか．道路橋示方書では，構造部材の強度を向上させると同時に変形性能を高めて橋全体系として地震に耐える構造を目指すこととし，このような観点で耐震設計上望ましい構造と留意点として以下を示しています[1)]．

1）上部構造形式と支持条件
- 多径間連続構造
- １点固定方式よりも多点固定方式や弾性固定方式の地震時水平力分散構造
- 地盤条件が良好で固有周期が短い場合には免震構造

2）液状化など変状を生じる可能性のある地盤上の橋
- 地盤変位に対して水平剛性の高い基礎
- 多点固定方式やラーメン形式等，上下部構造の接点が多い構造

3）地盤条件・構造条件が著しく変化する箇所の構造
- 上部構造の連続構造あるいは分離構造の選択など変位差やひずみの集中しやすい変化部での構造検討

4）部材性能と構造バランス

・部分的な破壊が橋全体系の崩壊につながる可能性のある構造ではその部材の損傷を限定

・非線形性を許容する部材と弾性域に留まる必要のある部材の区別と適切な構造系の構成（すなわち，損傷モード・エネルギー吸収機構の制御）

・幾何学的非線形性や付加モーメントの影響によって不安定になるようなバランスの悪い構造を選択しない

以上によれば，耐震性の高い構造とは，橋の挙動が地震動の強さに対して感度が鈍く，一部の部材の損傷が橋全体の安定性に及ぼす影響が低い構造と言えると思います．すなわち，橋全体として，弱点部となる重要部位には余裕を持たせ，損傷モードを制御し十分な変形性能を確保して振動エネルギーを吸収しながら地震をやり過ごすことができるリダンダンシーの高い構造系を目指すということだと思います．

橋にとって最も致命的な落橋被害について，大正12年（1923年）の関東地震以降の過去の地震による道路橋の落橋数を示したのが表-4.1です．

表-4.1　1923年関東地震以降の被害地震による道路橋の落橋事例と構造特性の関係[2)]

地　震	落橋数（橋）	構造特性（橋数）		
		両端に橋台を有する単純桁橋（橋）	複数径間を有する単純桁橋（橋）	連続桁橋（橋）
① 1923年関東地震	6	1	5	−
② 1946年南海地震	1	−	1	−
③ 1948年福井地震	4	−	4	−
④ 1964年新潟地震	3	−	3	−
⑤ 1978年宮城県沖地震	1	−	1	−
⑥ 1995年兵庫県南部地震	46	−	44（径間）[1)]	2（径間）[2)]
⑦ 2000年鳥取県西部地震	1	1	−	−
⑧ 2008年岩手宮城内陸地震	1	−	−	1[3)]
合　計	63	2	58	3

（注）1）：下部構造の破壊に伴う落橋も含む
　　　2）：下部構造の破壊に伴う落橋
　　　3）：橋台背面斜面の大規模破壊と10m規模の変位による落橋

合計63橋の落橋被害が生じていますが，落橋した橋の大部分は複数径間を有する単純桁形式の橋梁でした．両端を橋台に支持された単純桁橋では，石積み橋台など橋台自体の破壊により上部構造が落下・沈下した２例を除いて落橋に至った事例はありません．これは，両端の橋台と背面土が橋桁の大変位の振動を拘束するためと考えられます．

また，連続桁橋では，平成７年（1995年）の兵庫県南部地震において２橋の落橋被害がありますが，これはねばりの少ない橋脚のせん断破壊に伴い落橋に至った事例でした．連続桁橋では，橋脚自体が破壊していない場合には支承破壊に伴う上部構造の大変位による落橋を含めて落橋事例はありません．連続構造の場合，変形性能を有する複数の下部構造で１つの上部構造を支持することによって，不静定次数を高め，相互に力の再配分をしながら抵抗するためと考えることができます．

Q 36 耐震構造，免震構造，制震構造の相違は？

耐震構造とは，設計で考慮する地震動に対して必要とする耐震性能を確保した構造です．耐震設計では，これを実現するために，調査や構造計画，設計地震動の設定，限界状態の設定と性能照査，構造細目を含む地震に対する設計を行うことになります．

耐震性を高める構造の一つとして位置づけられる免震構造とは，免震支承を用いて固有周期を適度に長くするとともに，減衰性能の増大を図って地震時の慣性力の低減を期待する構造です．免震設計では，長周期化と高減衰化が基本で，長周期化を図る装置をアイソレータ，高減衰化を図る装置をダンパーと呼び，アイソレータとダンパーが一体となった積層ゴム系の免震支承が一般に用いられています．履歴減衰や粘性減衰等の原理によってエネルギー吸収を図るダンパーとしては，鉛プラグを使ったり，ゴム自体が変形によってエネルギー吸収を図ることができる高減衰ゴムなどが用いられます．

ゴム系の免震支承など変形に追随できる免震支承の場合，常時の温度変化等による上部構造の伸縮変位に追随できるとともに，地震時には複数の下部構造に上部構造の慣性力を分散できるため，多径間連続化と地震時水平力分散構造に有効に適用できることになります．

次に制震構造ですが，近年開発が盛んとなったこともあり，様々な定義があります．広い意味では，地震応答を制御するような性質または装置を付与した構造であり，制震装置には，例えば，粘性ダンパーなどの受動型（パッシブ型），バリアブルダンパーなど減衰特性を構造物の挙動に応じて時々刻々最適に変化させるような能動型（アクティブ型），これらの複合型（ハイブリッド型）があります．制震構造の橋への適用は多くはなく，そのほとんどは長大橋などに設置された受動型のエネルギー吸収装置です．このため，橋における制震構造というと，狭い意味では，エネルギー吸収装置によって高減衰化を図ることにより地震時の応答の低減を図る構造という意味で使われる場合が多いと思います．エネルギー吸収機構には，材料の塑性履歴減衰，速度依存型の粘性減衰，変位依存型の摩擦減衰など様々な機構が開発されています．免震構造では長周期化と高減衰化の両者がポイントですが，制震構造は上記の意味では高減衰化で必ずしも長周期化を目的とはしていません．

さて，耐震・免震・制震構造の定義は以上のとおりですが，その力学的なメカニズムについて少し示します．図-4.1に，平成７年（1995年）兵庫県南部地震で観測された代表的な観測記録の加速度応答スペクトルを示します．

加速度応答スペクトルは，1-2で解説したように，ある固有周期の構造物に地震動を作用させた場合の最大応答値を求め，これと構造物の固有周期の関係をプロットしたものです．構造物の固有周期と減衰定数が与えられれば，その構造物に生じる最大加速度の大きさを加速度応答スペクト

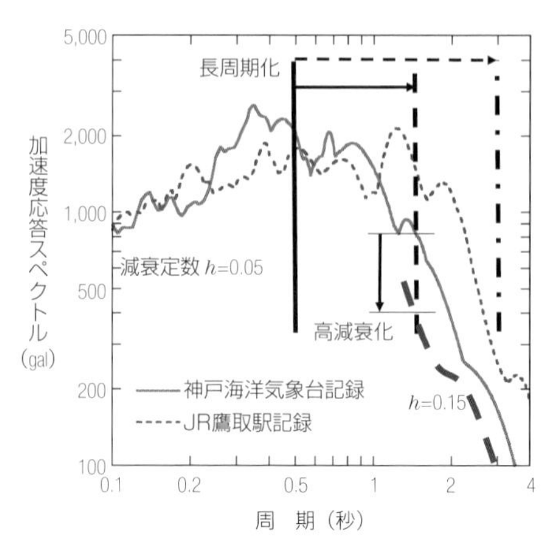

図-4.1　加速度応答スペクトルの例（平成７年兵庫県南部地震）

ルから簡単に推測できるというものです．固有周期は，橋の規模によりますが，一般的な規模の橋では１秒程度以下で，減衰定数は地盤条件や構造特性によりますが，一般的な橋では５％程度の減衰定数で表されます．

架橋地点の地形条件等によって橋の規模が決まり，その規模によって固有周期が決まります．耐震設計では，その周期に応じた地震力に対して生じる橋の状態を所定の性能範囲内に収まるように，橋の耐力や変形性能を確保することになります．図-4.1でいうと，仮に，固有周期0.5秒の橋とすると，1,500～2,000gal程度の弾性応答加速度による慣性力に対して設計することになります．

しかしながら，図-4.1の加速度応答スペクトルを眺めてみると，周期の長い方は徐々に加速度が小さくなっていることが分かります．神戸海洋気象台で観測された地震動で見ると，1.5秒程度で800gal程度と0.5秒の半分になり，３秒だと200gal程度と0.5秒の1/10近くに応答加速度は小さくなっています．もともとの固有周期は0.5秒ですが，何らかの手段でその周期を長くすることができれば，地震時の慣性力を効果的に低減できるということになります．これが免震構造です．何らかの手段が免震支承であり，上部構造の重量を支えつつ，水平方向には軟らかく支持する積層ゴム系の免震支承が開発されて使われるようになったものです．周期を長くすると，加速度すなわち慣性力は効果的に低減できますが，一方で，長周期でゆっくり振動するために変位は大きくなってしまいます．このため，ダンパーを併用することによって高減衰化を図り，共振による振動の増大を避けるとともに，使用上問題にならないレベルにまで変位の低減を図るというものです．さらに，橋の場合，風や制動荷重等により橋の使用性に影響を及ぼすような振動が生じないように，アイソレータもしくはダンパーに所定の剛性を確保することも必要になります．

地盤条件が良好で固有周期が短い場合には免震構造が有利とされているのは，図-4.1に示した神戸海洋気象台の記録のように良好な地盤ほど長周期域において加速度がより短い周期から低下する地震動の基本特性に基づくものです．地盤がより軟らかい鷹取駅記録の場合には，1.5秒程度では0.5秒の場合と同じか，それよりも大きくなり，２秒を超えてから低下し始めますので，地盤条件や地震動特性によってその効果は変わることになります．このような力学特性に基づくため，もともと周期の長い構造系では，さらに周期を延ばしても加速度の低減効果が見込めない，あるいは，変位が大きくなり過ぎてしまう場合など，効果的ではない条件があることになります．

制震構造では，エネルギー吸収装置による高減衰化によって加速度応答スペクトルを低減させることになります．制震構造がこれまで長大橋において採用例があるのは，もともと周期の長い長大橋は減衰性能が相対的に低く地震時に揺れやすい，あるいは，いったん揺れた振動が収まりにくい振動特性を有するためです．このような構造系では減衰性能を高めることによって，その振動を効果的に低減できることになります．制震構造は一般橋への適用は多くはありませんが，今後さらに発展の可能性のある分野だと思います．その長期の耐久性や維持管理を含めて，個別の制震デバイスに応じた設計法や構造細目などの確立に向けた，更なる研究が期待されます．

Q 37 免震構造とは？

免震構造に用いる免震装置としては，ゴム支承とエネルギー吸収装置を一体化した免震支承，すなわち，鉛プラグ入り積層ゴム支承や高減衰積層ゴム支承が一般に多く用いられています．

免震構造のポイントは長周期化と高減衰化であることは前述のとおりですが，特に免震設計では，その周期をどこにねらうかが一つの大きなポイントとなります．図-4.1に示したように，一般に加速度応答は周期が長い領域で小さくなる特性を持っていますので，目標とする固有周期は，地震力が低下する周期帯域をねらうのが効果的になります．

道路橋示方書に規定される設計地震動は，レベル２地震動のタイプⅠの地震動では，長周期域において応答加速度が低下し始める周期は，Ⅰ種地盤のような良好な地盤では0.6秒，中間のⅡ種地盤では0.9秒，軟らかいⅢ種地盤では1.4秒となっています．こうした領域まで周期を延ばせば慣性力の効果的な低減が見込めますが，橋の場合には，変位が大きくなると桁端部における隣接構造との取合いなどの関係で大きな変位を確保するのが有効ではない場合も多いことから，変位が設計上許容できる範囲内程度に収まることに配慮し，過度に長周期化を図らないこととされています．

一般的な免震橋の固有周期としては，1.0～1.5秒程度が多くなっていますので長周期化による慣性力の大幅な低減よりも減衰性能の向上に期待するものになっています．免震建物では，固有周期が４秒とも言われていますので，このコンセプトとは大きく相違し，変形を抑え，そのためにある程度の耐力を確保する設計となっていることが分かります．周期を大きく伸ばすことによって増大する変位や復元性への対応や，常時の橋の機能への対応が十分できるようになれば，橋においてもこうした周期帯域を目標として慣性力の大幅な低減を意図した免震設計の可能性もあると考えます．

●軟弱地盤ではなぜ免震構造を使わないのか？

道路橋示方書では，液状化によって基礎周辺土層の土質定数が0になる地盤がある場合，軟弱地盤で地盤と橋の共振を引き起こす可能性のある場合には，免震構造は原則採用してはならないとされています．

免震構造は，地盤や基礎が安定した所の橋で上下部構造間を免震支承で軟らかく支持し，支承部で相対変位を生じさせることによって，比較的周期の短い地震動が卓越する強い地震動に対して，その慣性力を効果的に低減する構造です．このため，基礎周辺地盤が地震時に不安定になるような場合には，設計で想定するように主として免震支承で変位が生じないで，基礎でも変位が生じるなど設計で想定した免震効果が得られない場合も考えられるためとされています．軟弱地盤でも設計で想定したとおりに免震効果が確実に発揮できるように剛度の高い基礎を採用することも考えられますが，軟弱地盤の実際の地震時の挙動を正確に推定するには難しい点があるのも事実です．

写真-4.1は，平成19年（2007年）の新潟県中越沖地震の際に，ゴム支承を用いた地震時水平力分散構造を有する3径間連続橋の一方の橋台が地盤とともに大きく変位し（河心方向に約45cm），これによってゴム支承に残留変位が生じた例を示したものです．本橋の近傍で観測された地震動の分析によれば，周期1.5秒程度ではほぼ設計で考慮するレベル2地震動相当の地震動強度でしたが，橋脚には損傷は全く確認されませんでした．写真-4.1に示すゴム支承の残留変位もゴム支承の変形性能に比較して必ずしも大きなものではなく，健全性を確認したうえで残留変位を解放してあげれば再利

写真-4.1　平成19年新潟県中越沖地震における地盤と基礎の変位とゴム支承の残留変位

用可能な状態でした．結果として，橋台基礎の変位を除いて構造的な損傷レベルは小さく，また，橋台においても伸縮装置の目詰まりや橋台背面土の沈下などは生じましたが，地震直後に通行機能は確保できていますので大きな影響はありませんでした．

しかしながら，仮に本橋で免震設計が採用されていたら，設計で想定した免震支承による免震構造ではなく，設計では想定しなかった軟弱地盤による地盤免震構造のようになってしまうのかもしれません．これは相対的に軟らかい地盤で，もともとその非線形性や減衰効果が高い条件の橋で，免震構造を採用してさらに周期を延ばしたり，減衰性能を高めることが効果的ではないという一例であり，軟弱地盤で免震構造を使わないとされているのも，その採用がすぐさま構造の不安定化に結びつきやすいためというよりは，効果的な設計にはならない可能性のあることが考慮されていると考えることができます．

●支承に負反力が生じる橋ではなぜ免震構造を使わないのか？

これは現在用いられている免震支承が負反力を受けた状態で水平方向の地震力を受けた場合の支承の破断強度やエネルギー吸収性能等の動的特性について十分に検討されていないためです．ゴム系の免震支承は，これまではもともと圧縮状態で用いることを前提に，常時，地震時における力学特性の把握試験が行われています．負反力が生じる場合には，引張力の繰返し作用による疲労破断も想定されますので，疲労試験なども含めた検証と設計値の設定が必要になります．

現段階では実験データ等が十分ではなく，データのある確実な範囲で用いることを原則とする考えで，負反力が作用する免震支承でも，常時，地震時の両面で，所要の性能を確保できることが検証できれば，その適用範囲を拡大できると考えられます．

●免震構造は長周期地震動に対して弱いのではないか？

平成15年（2003年）の十勝沖地震では，震源から約300km離れた苫小牧市の石油タンクの浮き屋根が損傷，全面火災になりました．これはこの地域の地盤構造の固有周期とタンク内の石油の液面がうねるスロッシング振動の固有周期が約7秒で共振したことが原因と分析されています．タンク内のスロッシング現象は，固有周期が長く，また，減衰定数が0.5％程度以下と非常に小さいことから，加速度強度が小さくても，その固有周期で繰り返し揺すられることにより，共振して振幅が発散的に大きくなって破壊に至ってしまうものです．

一般に用いられているアイソレータとダンパーの機能を有するゴム系の免震支承は，変位によってその剛性が変化しますので，ある特定の周期の繰返し作用による発散的な共振は起こりにくいと考えることができます．仮にある周期で共振したとしても，それによって免震支承の変位が増大して，剛性が低下し周期がずれることになるためです．さらに，もともとの橋が有する減衰特性と免震支承の減衰特性を合わせると，橋としての減衰定数にして15%程度以上となる場合が多いので，この程度以上の減衰特性があれば，いわゆる地震動の繰返し作用による共振は起こりにくいと考えられます．

通常の免震橋では，固有周期は1.0～1.5秒程度とあまり長い周期をねらわない設計となるので，この周期帯域では，長周期地震動よりも短周期の地震動の方が支配的になると考えることができます．ただし，長周期化によって軟弱地盤の揺れやすい周期に免震構造の周期を近づけると当然応答は相対的に大きくなりますので，周期をシフトする際には，地震動の特性に十分注意する必要があるというものです．

●橋脚の許容塑性率の安全係数をなぜ２倍にして余裕を持たせる必要があるのか？

例えば，免震構造の場合には，鉄筋コンクリート橋脚では，橋脚の許容塑性率の算定に用いる安全係数は，通常の橋脚の２倍に設定され，塑性化がより制限されています．

免震構造は，免震支承で主たるエネルギー吸収を図る構造で，このような免震機構を確保するために，橋脚についてはその塑性化の程度に制限が設けられています．橋脚に塑性化をさらに許容すると，免震支承は設置されているものの，主たるエネルギー吸収は橋脚の塑性化によることにもなりかねず，免震支承で効果的なエネルギー吸収を図ることができないことになってしまう可能性もあり得ます．このように，橋脚の塑性化の制限は，単に地震力に対して抵抗するだけではなく，免震機構を確実にするための一つの条件と考えることができます．

なお，橋全体構造で見た場合，橋脚には塑性率に余裕があることになりますので，設計地震動を超えるようなさらに大きい地震動が作用した場合には，一般的な免震支承の水平耐力は橋脚の水平耐力よりも大きいため，免震支承の変位は頭打ちになり，橋脚で塑性化が進展して変形とエネルギー吸収をさらに図ることになります．このため，地震に対してよりリダンダンシーが高い構造になっていると言うこともできます．なお，免震支承と橋脚などの複数箇所での損傷とエネルギー吸収機構などの確実な制御ができる場合には，想定する効果的な免震効果も得られる範囲内で，橋脚でもエネルギー吸収を図るために安全係数を通常の橋脚と同じにすることも考えられます．しかし材料の実強度などを直接設計に反映していない現時点では，主たる塑性化の位置を特定し，免震支承で主たるエネルギー吸収を図る機構を担保するために，橋脚の許容塑性率を制限する考え方となっています．

橋脚の塑性化によっても，固有周期は伸び，またエネルギー吸収も図ることができますので，エネルギー吸収と変形性能という観点では，免震支承の変形も橋脚の塑性変形も力学的には違いはない，通常の塑性設計もある意味で免震設計に近いと言っても過言ではありません．ただ，より大きな変形特性を確保することと，目標とする長周期化と高減衰化をより容易かつ確実に達成できる点で，免震支承の方が優れていると言えます．

●ゴム系免震支承の耐久性は？

我が国で初めて道路橋に免震構造が採用されたのは，静岡県春野町において平成３年（1991年）に竣工した「宮川橋」です[3]．その後，兵庫県南部地震による橋梁の大被害の経験を踏まえて，免震構造が広く普及しました．

現在までで最長でも約30年弱というところですが，耐久性に配慮された被覆ゴムが用いられていないゴム系支承ではオゾン劣化などによる損傷も確認されつつあります．

我が国で初めて高減衰積層ゴム支承を用いた免震橋である「山あげ大橋」では，約10年経過した時点で免震支承を回収し，10年間の力学特性の変化について検討されています[4]．山あげ大橋は，栃木県烏山町に平成４年に建設された橋長246mのPC６径間連続箱桁形式の免震橋梁です．５基のうちの１つの橋脚上の免震支承２基を撤去，交換するとともに，取り出した支承に対するせん断試験および圧縮試験が実施され，その特性について建設当時の結果と比較されています．等価剛性には，ゴム材料に一般的に見られる硬化傾向が確認され，その程度は３～４％程度となっています．等価減衰定数は変化なし，鉛直剛性も明確な変化は確認されませんでした．破断試験では450％程度の破断ひずみとなり，十分大きなせん断変形性能が確保されていることが確認されています．この試験データの外挿に基づき，例えば50年経過した時点を推定すると，十分な被覆ゴムを配置していれば，当初の免震性能を損なうレベルまでの剛性の硬化や減衰性能の低下には至らないであろうことが予測されています．

今後，免震支承の耐久性については，地震観測データなどの分析も含めて継続的に検討していくことが重要と考えます．

〔参 考 文 献〕

１）(社)日本道路協会：道路橋示方書・同解説Ｖ耐震設計編（2002.3）
２）運上茂樹，星隈順一，堺　淳一，樋田健介：過去の大規模地震における落橋事例とその分析，土木研究所資料　第4158号（2009.12）
３）松尾芳郎，大石昭雄，原　広司，山下幹夫：宮川橋の設計と施工，橋梁と基礎，Vol. 25, No. 2（1991.2）
４）西　敏夫，岡田孝一，運上茂樹，大澤浩二，須藤千秋，矢崎文彦：山あげ大橋の大型免震支承の交換工事，橋梁と基礎，Vol. 37, No. 1（2003.1）

4－2 既設橋の耐震性能のアップグレード・耐震設計の方向

ここでは，既設橋の耐震性能のアップグレードとして，耐震補強の考え方とその効果，さらに，今後の耐震設計の方向について解説します．

Q 38 既設橋の耐震対策の考え方は？

地震に対する対策は，大きくは震前・震後の対策に区分されます．大地震の発生を事前に予測するのは非常に困難ですので，耐震性が相対的に低い既設橋に対しては，事前の耐震補強によって被害の軽減を図ったり，発災時には早期の機能回復のための被災診断や応急対策を迅速に実施できるように準備する対策が行われます．

道路は，災害時には，避難，救急，緊急物資や資機材の輸送のために非常に重要な役割を担います．救援活動を展開するにもまずは現場にたどり着けることが必須条件です．このような役割を担う道路施設の中でも橋梁は大きく被災した場合には復旧が容易ではない施設の一つですので，被害軽減のための震前対策としての耐震補強が重要になります．

ただし，古い時代に建設された橋梁資産は膨大な量ですし，これら全部に対して短期間で最新の基準をすべて満足させるように対策を行うことは容易ではありません．また，古い時代の橋でも地震時に振動しにくい構造特性を有するものや，既往の地震の経験や技術の進歩とともに耐震設計法が順次向上してきた時代に応じて古い時代の橋梁すべてが地震に対してぜい弱ということでもありません．

このため，現状の耐震性能のレベルや地域の大地震の発生切迫度，さらには被災時の地域への影響などの路線の重要度によって優先度を定めながら耐震対策が進められてきています．

●どのような橋梁の耐震対策が優先的か？

落橋被害が生じると走行する車両の安全性を確保できなくなるとともに，通行機能を完全に喪失するため，落橋被害をできるだけ防止することが最重要であるのは言うまでもありません．平成７年（1995年）の兵庫県南部地震では，橋脚の破壊・倒壊，あるいは支承部の破壊に伴う上部構造の大変位による落橋という甚大な被害が発生しました．どのような構造特性で落橋被害を生じたのか，これを防止するにはどのような構造から対策を優先的に進めるのが合理的なのか，ということについて分析されています[1), 2)]．

図-4.2は分析の一例で，兵庫県南部地震による鉄筋コンクリート橋脚の被災について，国道と高速道路にある橋梁を対象に適用基準と被災度の関係を示したものです[2)]．昭和39年および昭和46年の道路橋示方書が適用された橋では，倒壊したものや鉄筋の破断，大変形等の大きな被害（被災ラン

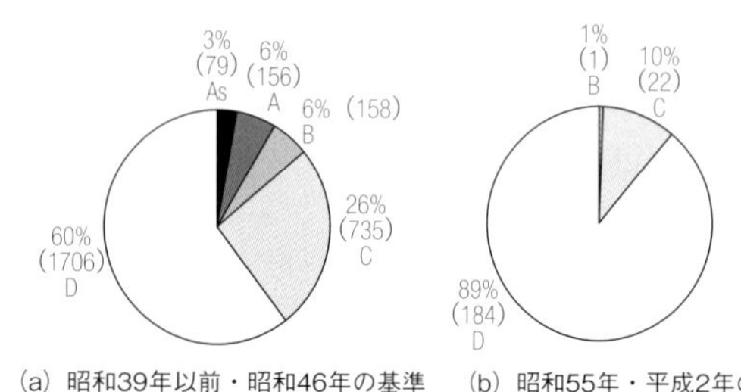

鉄筋コンクリート橋脚の被災ランクの定義
As（倒壊・損傷変形が甚大）
A　（鉄筋破断，変形が大）
B　（鉄筋一部破断，コンクリートの部分的剥離）
C　（ひび割れ，局部的なコンクリートの剥離）
D　（損傷なし，軽微）
＊）出典：土木学会 阪神淡路大震災調査報告
（直轄国道，阪神高速道路，高速国道の被災統計データに基づく）

図-4.2　鉄筋コンクリート橋脚の被害特性と適用基準の関係
（数字は割合と橋脚数）[2)]

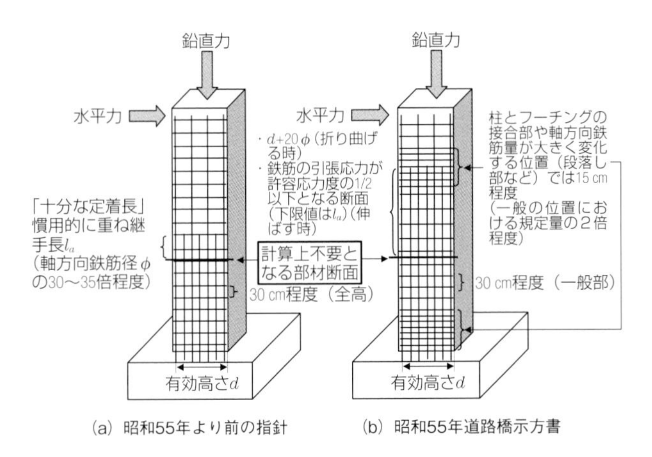

図-4.3　昭和55年道路橋示方書における
主鉄筋段落し部の設計法の改訂

クAsおよびA）を受けた橋脚は９％と多いですが，昭和55年以降の道路橋示方書を適用した橋では，このような被害は生じていません．被災地域全体のマクロな統計データには，各構造物が存在した個別地点の地震動強度は評価されていませんのでばらつきを伴いますが，全体として相対的に新しい橋の被災度が低かった事実が確認できます．

また，昭和55年の道路橋示方書の前後において被害が大きく相違した理由の一つとして，この時点での設計法の改訂もあります．兵庫県南部地震では，橋脚の軸方向鉄筋の段落し位置における曲げせん断破壊によって橋脚が倒壊して落橋するなどの大被害を受けた事例が見られました．

図-4.3は，鉄筋コンクリート橋脚の段落し部の設計方法を示したものです．地震時に橋脚に作用する水平力に起因して発生する曲げモーメントは，橋脚基部で最大で，橋脚天端の慣性力作用位置で０となる分布となります．配筋は曲げモ－メントが最大となる橋脚基部でまず設定し，曲げモーメント分布に応じて高さ方向に同一の断面耐力を必要としないことから途中で軸方向鉄筋の一部を減らすのが一般的でした．

昭和55年道路橋示方書では，段落し位置において先行的に影響のある損傷が生じないようにするために，①計算上鉄筋が不要となる断面位置からの軸方向鉄筋の定着長を延長，②段落し部の許容せん断応力度を一般部の2/3に低減，③帯鉄筋を一般部の２倍程度配置，といった改訂がなされています．

適用基準のほかに，構造形式と被災度の関係も分析されています．単柱式の橋脚とラーメン橋脚や壁式橋脚の被害率を比較すると，断面耐力に余裕の少ない単柱式の橋脚の被害の割合が大きいことが分かっています．また，上部構造と下部構造を結ぶ支承部は，上部構造の慣性力が支承に集中して作用するため，既往の地震においても最も被害を多く受けてきた部材です．兵庫県南部地震等では，支承部の破壊に伴って，上部構造に大きな変位が生じ，落橋に至ったものも確認されました．

平成17～19年度には，国土交通省により３箇年で重点的に耐震補強を実施する「橋梁耐震補強３箇年プログラム」が実施されました．この中では，兵庫県南部地震で経験したような強い地震力に対しても落橋など致命的な被害に結びつく可能性のある部材のぜい性的な被害を防止することを目的に，兵庫県南部地震を始めとする既往地震による被害特性を踏まえて，鉄筋コンクリート橋脚あるいは鋼製橋脚，支承部や落橋防止構造等に対する対策を中心として実施されました[3)]．

●基礎の耐震補強は？

現在の耐震補強は，兵庫県南部地震等の既往の地震における橋梁の被災経験に基づいて，橋脚の耐震補強や落橋防止システムの設置など優先的に補強すべき条件が選定されています．

橋梁の基礎については，兵庫県南部地震において，地震時の橋梁の安定性に影響のある著しい沈下や鉄筋の破断，コンクリートの剥離などの構造的な被害は確認されませんでした．水際線近傍において液状化に伴う地盤の流動が生じた箇所では大きな残留変位を生じた基礎も確認されましたが，この場合でも基礎本体に生じた損傷は甚大なものではなく，また地盤流動が主原因で上部構造の落下につながった橋はありませんでした．基礎は地盤によって周囲を拘束されていますので，地震時には地盤と一緒に挙動すること，周囲に拘束のない橋脚などの地上の部材に比較して地震応答の増幅が小さいこともあり，橋脚等より相対的に耐震性が高いためと考えられます．

地盤流動に伴う下部構造の大きな残留変位は，落橋にも結びつく可能性もある被災モードで注意する必要がありますが，上部構造と下部構造を連結する落橋防止システムの強化がこうした基礎の変位に対する落橋被害の防止に対しても一定の効果を発揮可能と考えられます．今後，橋脚などの着実な耐震補強に伴い，橋全体としての更なる耐震性の確保のために，地盤の著しい不安定化が想定されるなどの相対的に耐震性が低い条件を有する既設基礎の耐震性の向上も重要と考えられます．基礎の耐震補強工事は一般に非常に大がかりとなり，このためのコストも大きなファクターになってきますので，性能の評価方法の高度化や経済的・効果的な補強工法に関する研究が重要と考えます．

●補強設計では新しい基準をすべて満足させるのか？

新設橋では，常時を含めてレベル１地震動とレベル２地震動双方に対して，それぞれ所定の性能を確保するように設計，照査します．震災経験や技術の進歩とともに基準は改訂されてきており，既設橋梁はそれぞれ建設当時の基準で構築されていますので，現在の基準を機械的に適用すると照査を満足しない照査項目も出てくる場合があります．

例えば，レベル１地震動（震度法）の設計震度が建設当時から変更になっている場合，許容応力度が同等であれば，レベル１地震動に対する照査を満足できない場合も生じることになります．変形性能が十分ある場合とすれば，レベル２地震動の照査は満足できることになってしまい，レベル１地震動に対して満足させるように補強しなければならないのかというケースです．レベル２地震動に対して所定の安全性を確保できれば，それより小さい地震動であるレベル１地震動で許容応力度を超過したとしても，部材の降伏などによって長期の耐久性の低下に影響を及ぼす可能性はあり得ますが，構造物としてその使用性に大きな影響を及ぼすことは考えにくいところです．

既設橋は現況を生かしながら効果的な対策を行っていくことが基本ですので，基準を機械的に適用するのではなく，確保すべき性能という観点をベースに照査指標と水準を評価していくことが重要です．現況の状態がどうで，前述の長期耐久性等を含めて，対策によってどのような性能を確保するのかというまさに性能設計が必要になります．

Q39 有効な耐震補強工法は？

鉄筋コンクリート橋脚に対する対策としては，鋼板や鉄筋コンクリート，あるいは繊維材巻立て工法が一般的に用いられているのはご承知のとおりです．既設構造の外周を鋼板や鉄筋コンクリート，繊維材等で軸方向，横方向あるいは斜め方向に巻き立てて，既設構造と一体的あるいは協同的に挙動させることによって，橋脚の曲げ耐力，せん断耐力，じん性，あるいは，これらを組み合わせた耐震性能の向上を図るものです．

図-4.4は，鉄筋コンクリート橋脚の耐震補強として一般的に用いられている鋼板巻立て工法を一例として示したものです．本工法では，橋脚躯体を鋼板で巻き立てることにより，段落し部の曲げ耐力とせん断耐力の向上を図るとともに，基礎の安定性に影響しない範囲で，必要に応じて鋼板をフーチングにアンカー定着することにより橋脚の曲げ耐力の向上も図ります．フーチングに定着するアンカー量を適度に調整することによってじん

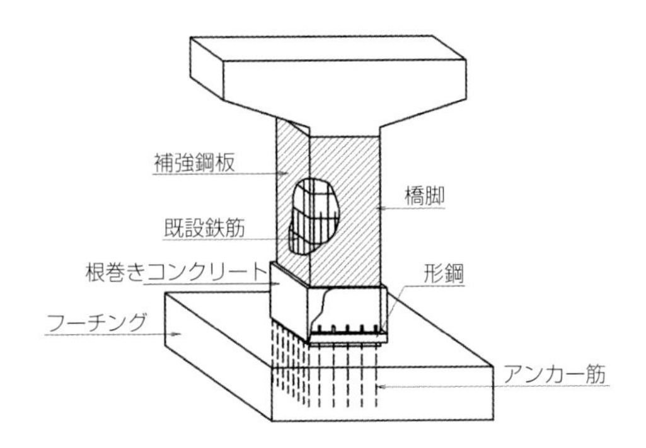

図-4.4　一般的な巻立て工法の例（鋼板巻立て工法）

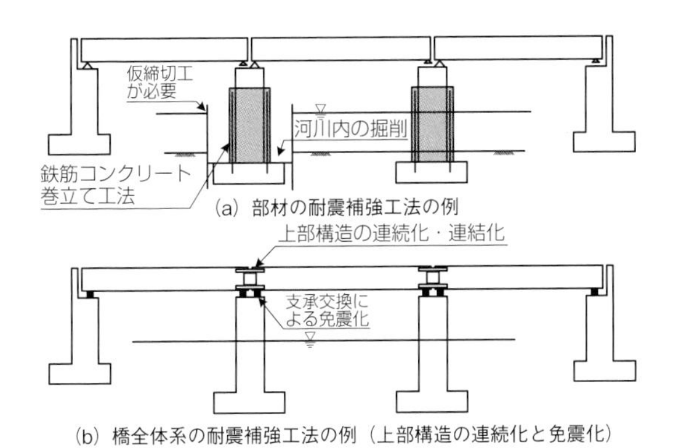

図-4.5　部材の耐震補強と橋全体系の耐震補強

性のみに頼らず，耐力とじん性のバランスに配慮した補強が可能になります．

このような橋脚の強度やじん性を直接向上させる耐震補強工法のほかに，橋脚に対する巻立て対策などの補強対策を全く行うことなく，あるいは補強対策を行うとしても軽微な対策のみを行い，橋全体としての耐震性の向上を図る工法もあります．図-4.5がそのイメージを示したもので，その目的によって，①免震工法，②慣性力分散工法，③変位拘束工法，の3

種類が一般的です．①免震工法は，既設支承を免震支承に交換して免震構造とする工法，②慣性力分散工法は，地震時に負担する慣性力を他の下部構造に分散させることにより，橋全体として地震力に対して抵抗する工法，③変位拘束工法は，地震時に上部構造に生じる変位を拘束する工法で，橋脚に作用する慣性力の低減を図る工法です．いずれの工法も複数径間を有する単純桁橋に適用する場合には，橋全体として挙動させるために必要に応じて上部構造の連続化・連結化を行う場合があります．

耐震補強工法は，個々の部材のみならず橋全体としての耐震性の向上を第一に，当該橋梁の構造条件，施工条件，経済性を考慮して選定されます．主に対策が必要とされる橋脚に対する対策としては，実績の多い巻立て工法等による部材補強工法とともに，例えば橋脚が常時水中部にあるなど橋脚の補強が施工上，コスト上困難な場合等を含めて，橋全体系補強も今後有効になってくると考えます．

●耐震補強の有効性は実証されているのか？

耐震補強工法は，実験等によってその有効性が検証されたうえで設計法や構造細目が決められます．最近の地震において耐震補強効果が確認された事例を示します．

写真-4.2は，平成７年（1995年）兵庫県南部地震における阪神高速道路の鉄筋コンクリート橋脚の例です[4)]．互いに隣接するほぼ同一構造・配筋の橋脚で，一方は12mmの鋼板を用いた巻立て工法により補強済みで，もう一方は補強前の段階で兵庫県南部地震を受けました．地震により補強前の橋脚は段落し部において大きく損傷しましたが，補強済みの橋脚では損傷は確認されませんでした．地震後に巻立て鋼板が撤去され，内部の橋脚が調査されていますが，ひび割れが数本程度の軽微な状態であったことが確認されています．

写真-4.3は，同様に，平成16年（2004年）新潟県中越地震により鉄筋コン

(a) 無被害（鋼板巻立て補強）

(b) 被害（無補強）

写真-4.2　平成７年兵庫県南部地震において橋脚の巻立て対策の効果が確認された事例（阪神高速道路３号神戸線）[4)]

(a) 左側：鋼板巻立て補強，右側：未補強

(b) 未補強橋脚の段落し部の曲げ損傷

写真-4.3　平成16年新潟県中越地震において橋脚の巻立て対策の効果が確認された事例

クリート橋脚に対する耐震補強効果が確認された例です．同一構造の上下線分離の橋梁が並行する路線において，一方の橋の橋脚は鋼板巻立て工法により補強済みで，もう一方はこれからの段階で地震を受けました．未補

(a) アーチリブへのコンクリート充填補強等が実施された長大アーチ橋

(b) 鋼製橋脚へのコンクリート充填補強等が実施された高橋脚橋

写真-4.4　平成19年新潟県中越沖地震においてアーチ橋，高橋脚橋の補強対策の効果が確認された事例

強の橋脚は段落し部に曲げ損傷を受けましたが，補強した橋脚には全く被害が確認されなかった例です．

このほかに平成19年（2007年）の新潟県中越沖地震の際には，写真-4.4に示すように鋼部材の耐震補強が実施された大型のアーチ橋と高橋脚橋が地震を受けましたが，支承部等の損傷のみで，補強されたアーチリブ本体や橋脚などの主要部材には損傷は確認されませんでした．

このように耐震補強は確実に耐震性能の向上に寄与していることが実際の地震でも確認されつつあるところです．

●耐震補強技術の課題点は？

耐震補強は，既設橋梁の現況を踏まえたうえで要求される耐震性能を確保することを目的に実施されます．このため，既設橋梁の置かれた現況に応じたさまざまな制約条件のもとで実施することが求められます．これは，制約条件はあるものの構造を幅広く選定可能となる新設橋との大きな違いで，既設橋梁に特有の課題と思います．

したがって，性能向上効果は当然ですが，最も重要な支配条件は施工性であり，特に現況の交通機能をできるだけ妨げずに，既設橋梁に特有のさまざまな施工上の制約条件を合理的に克服できることが最も重要なポイントと考えます．工期短縮，通行規制の最小限化，施工機械の最小化，水中施工，耐久性確保などは，多くの耐震補強の現場において該当する基本的な要求条件であり，これまでの耐震補強に関する技術開発はこれらの条件を解決することを目的の一つとしてきたと言うことができます．

今後，コスト縮減を含めてこうした制約条件を克服可能なさらに合理的な耐震補強技術の研究開発が重要と考えます．

Q40 今後の耐震設計の方向は？

これまでの耐震設計の変遷をみると，耐震設計の３つのポイント，「地震動条件」，「耐震構造解析」，「性能照査」について，地震被害による経験を踏まえながら，それぞれの精度を高めることを目標に耐震設計が進化してきたと言えます．耐震工学は，地震という自然現象を扱うことから，データを蓄積し，これをもとに設計論を展開する経験工学的な面が大きく，新たな地震被害が見つかるたびに，その原因を研究し，それに打ち勝つための対策を講じてきています．この時の基本的な考え方は，被害の程度を抑制するために構造物を「強くする」ことが基本となってきました．このように外的作用や構造性能等の設計条件の精度を高めつつ，これに対応していくのは設計の基本中の基本と言うことができます．

一方，未解明の点が多く不確実性の程度が高い地震に対して，どこまでも精度を高めることには限界があり，コスト面での制約もあることから，どこまでも「強くする」ことは現実的ではない場合も多くあります．兵庫県南部地震以降の耐震設計では，実測された観測記録等をもとに設計で考慮すべき地震動が従来よりも大きく設定されていますが，ここには，大きな地震動が観測されるたびに設計地震動を大きくしていかなければならないのかという議論があります．

今後の耐震設計の方向として，この点が一つのポイントと考えます．既設の構造物に対して，観測された地震動のレベルが大きくなるたびに，性能アップの対策を講じることは非常に困難を伴います．もともとの保有性能を超過するのだから壊れても仕方ないとする考え方も一つですが，技術的な観点からはこうした点の耐震構造技術が発展すればと考えています．

4－1で解説した免震構造，制震構造を含め，耐震性能の向上を図る構造技術として，いろいろなものが開発研究されています．

以下４点ほどポイントを挙げてみます．

(1)　地震被害を全く受けない，あるいは受けにくい耐震構造（ダメージフリー構造，弾性限界・終局限界の高性能化）

(2)　地震被害を自己検知・自己表示する耐震構造（自己診断機能）

(3)　地震被害を受けても容易に復旧可能な耐震構造（自己修復機能）

(4)　早期に構築できる構造（急速施工）

精度の高い地震動評価がまだ容易ではない現状では，地震動強度に対してセンシティブではないダメージフリー構造について具体的な構造や機構を含めてその実現が期待されています．また，最近，米国においても「ABC（Accelerated Bridge Construction）」構造技術として研究が盛んになっていますが，老朽化した既設構造の再構築にその工事の現場での影響度を最小限にする急速施工技術も注目されています．今後の老朽化対策も含めて，耐震性にも優れた新しい構造がますます開発，実用化されていくことが期待されます．

●改めて耐震設計の基本

耐震設計というと，橋や地盤を詳細にモデル化した地震応答解析なども行いますので，難しい，あるいは，計算ソフトを使うのでブラックボックスだ，というような意識を持たれる方も依然として多いと思います．耐震性に優れた構造を選定し，耐震性能に応じてその断面を決めていく設計行為が耐震設計ですが，なんでもかんでも解析すればよい，解析が中心だと勘違いされる場合もあります．

今後，東海地震などの大規模地震による各地での個別地震動の評価が進んだり，性能の明示とその検証といった本格的な性能設計の時代に入っていき，まさに設計者の「力量」が問われる時代になるのだと思います．設計者として，使える最新の技術情報に精通し，解析法などの手段を駆使しつつ，いかに耐震的な構造とするかという観点の「力量」をアピールできることが重要と思います．

また，最近の地震においては，兵庫県南部地震以降の新しい設計の橋梁が強震動を経験する事例も出てきています．大きな被害は少ないですが，地震力が集中しやすい支承や横桁などの支承部周辺の損傷の発生事例や，斜面の崩壊など大きな地盤変状によって橋梁が影響を受けた事例も確認されています．地震は自然現象であり，思わぬ新たな事象が確認される場合も多々あり，このような被害に対してどうして被害が発生したのか，あるいはどうして被害が発生しなかったのか等を継続的に分析していくことが重要と考えています．

2－1で書きましたが，被害経験に基づく耐震設計の大きな相場観としては，「耐震性に十分配慮された橋を設計する際には，限界状態の設定が最も基本であり，想定する挙動や損傷モードを確実に実現し，損傷部材に対して十分なねばり強さとある一定以上の耐力さえ確保できれば，その時点で耐震設計としてはほぼ完了といっても過言ではない」ことを念頭におくことが重要と思っています．

第1部終わりにあたって

第1部の執筆にあたり，文章中心とし，式は使わないことが一つの方針でした．式は非常に明快なのですが，それはある理想条件下での一つの姿（仮定・仕様・モデル）であり，実際の現実とはどうしても精度といった幅や再現の限界を持つものです．

このため，まずは細かい式は横において，実際の被害や現象を注視し，これに基づく耐震技術の経験を概念として理解することが重要と考えています．経験的に概念として理解できれば，あとはその概念を表すための力学問題に尽きることと思います．

ただ，本書において全く新たに書き起こされた内容は多くはなく，以下の文献の解説ですので，もう一歩踏み込んだ内容についてはこれらの文献をご参考いただけたらと思います．

〔参 考 文 献〕

1）兵庫県南部地震道路橋震災対策委員会：兵庫県南部地震における道路橋の被災に関する調査報告書（1996.12）
2）土木学会他4学会：阪神・淡路大震災調査報告，土木構造物の被害：橋梁（1996.12）
3）国土交通省道路局HP：記者発表資料
http://www.mlit.go.jp/road/press/press05/20050308/20050308.html（2005.3）

4）佐藤忠信，谷口信彦，足立幸郎，太田晴高：3号神戸線月見山地区における入力地震動と構造物被災に関する検討，第2回阪神淡路大震災に関する学術講演会論文集（1997.1）

第1部で参考にさせていただいた主な文献（再掲）

1）(社)日本道路協会：道路橋示方書・同解説Ⅴ耐震設計編（2002.3）
2）(社)日本道路協会：道路橋の耐震設計に関する資料（1999.3）
3）(社)日本道路協会：道路橋の耐震設計に関する資料―PCラーメン橋・RCアーチ橋・PC斜張橋・地中連続壁基礎・深礎基礎等の耐震設計計算例―（1998.1）
4）(社)日本道路協会：「兵庫県南部地震により被災した道路橋の復旧に係る仕様」の準用に関する参考資料（案）(1995.6)
5）(社)日本道路協会：既設道路橋の耐震補強に関する参考資料（1997.8）
6）(社)日本道路協会：既設道路橋基礎の補強に関する参考資料（2002.2）
7）国土交通省国土交通大学校：道路構造物設計研修テキスト（平成20年度版）
8）(財)土木研究センター：橋の動的耐震設計法マニュアル（2006.5）
9）(財)海洋架橋橋梁調査会：既設橋梁の耐震補強工法事例集（2005.4）
10）日本地震工学会：性能規定型耐震設計―現状と課題―（2006.6）
11）川島一彦：地震との戦い―なぜ橋は地震に弱かったのか―，鹿島出版会（2014.12）
12）川島一彦：耐震工学，鹿島出版会（2019.1）

第2部

激甚化する地震災害と社会インフラの機能維持

マグニチュード9.0を記録した2011年東日本大震災，2日間の中で震度7が同地区で2回連続した2016年熊本地震は，甚大な人的被害とともに，構造物にも重大な被害を及ぼしました．第2部では，こうした近年の地震被害とその対応，そして，今後の耐震技術の方向性について解説します．

第1章

2011年東日本大震災と津波災害

津波による国道45号歌津大橋（南三陸町）の上部構造の流失．単純PCポステンT桁合計12連のうち8連が陸側に落下．耐震補強として突起形式の落橋防止構造が設置されていたが，水平波力よりも浮力の影響で上部構造が浮き上がるように落下したと推定．

はじめに

平成7年（1995年）阪神・淡路大震災，平成23年（2011年）東日本大震災をはじめとし，地震災害は我が国の社会・経済に対し非常に大きなインパクトを与えてきた．甚大な被害経験を踏まえ，地震災害を防止・軽減するための多くの耐震技術ソリューションが研究開発され，技術基準等を通じ，社会に反映されてきた．例えば，強震観測データ・断層調査データ等に基づく科学的な地震動の推定法，構造物にねばり強さを付与するじん性構造とその設計法，大型実験施設を駆使した構造物の性能評価の精緻化，動的解析法など構造物の破壊過程を追跡するための数値シミュレーション技術，免震・制震技術等の耐震性向上策，制約条件の多い既設構造物のアップグレード技術等が代表例であろう．被害経験とともに進展してきた技術開発とその社会実装の積み重ねは，着実にそして確実に，我が国の地震災害リスクを低減し，地域社会の地震に対する安全性向上に貢献してきたと考えられる．

表-1.1は，過去約25年間に国内外で発生した被害地震と新たな知見となった事象を一覧にしたものである．従来観測されたことがなかったような強い地震動，極めて大きな地表地震断層の出現，巨大津波の襲来，大規模斜面崩壊などの地盤変状の影響，そして，これらの事象が同時あるいは連続して複合的に発生している．自然は非常に長い時間スケールで移り変わるが，人間社会のそれははるかに短く，経験のみに基づく知識の及ぶ範囲は限られたものであることを十分認識する必要がある．従来の経験を超える作用のみならず，地域社会や都市構造，そして我々の生活スタイルも劇的に変化しており，予期せぬ新たな災害事象の出現に対して，過去の歴史や経験に学ぶとともに，想像力と洞察力の感度を高めて備えることが不可欠となってきている．

表-1.1　近年国内外で発生した大規模被害地震と新たな事象の出現

大規模被害地震	新たな事象
1994年　米国ノースリッジ地震 1995年　兵庫県南部地震	過去に記録されていないような強い地震動
1999年　トルコ・コジャエリ地震 1999年　台湾・集集地震	10m規模の極めて大きな地表地震断層
2004年　スマトラ島沖地震	30m規模の大津波
2008年　岩手・宮城内陸地震	極めて大規模な斜面崩壊
2008年　中国・四川地震 2010年　チリ・マウレ地震	M8直下～M9級の大規模地震と広域多発災害
2011年　ニュージーランド地震	
2011年　東北地方太平洋沖地震	M9の大規模地震と想定を超える大津波による複合災害
2013年　フィリピン・ボホール島地震 2015年　ネパール・ゴルカ地震	
2016年　熊本地震	強震動（震度7）の連続作用と大規模地盤災害

平成23年（2011年）に発生した東日本大震災はM9.0という海溝型巨大地震であり，北海道から関東地方の太平洋側の広範囲の地域に継続時間の長い強震動を生じさせるとともに，その後に襲った巨大津波により死者・行方不明者約２万人という激甚な被害を発生させた．被災地域のストックの被害総額は約17兆円（兵庫県南部地震の約1.8倍）と評価された．広域・多発的に発生した社会インフラの甚大な被害は，その状況把握や復旧対応にも多大な時間と労力を強いることとなった．「想定外」という言い訳が非常に厳しい批判を受けるとともに，設計レベルを超えるような外的作用に対しても，社会インフラの機能維持や早期復旧に対する備えとバックアップシステムが不可欠であることが大きな教訓となった．

その後の平成28年（2016年）熊本地震では，２日間という短い期間内に，隣接する異なる断層において，M6.5とM7.3の２つの地震が連続して発生し，非常に強い揺れ（震度７）がいずれも夜間に同じ地域を襲った．斜面崩壊に起因して発生したと推定される大規模橋梁の崩落，強震動と断層変位が同時作用した地盤変状の影響と推定される被害，致命的な被害までには至らずとも大規模な残留変位や損傷によって機能回復に時間を要した被害の発生などの教訓も得られた．

現在，我が国では，東海・東南海・南海地震等南海トラフの巨大地震，首都直下地震，千島海溝地震の切迫性が指摘されている．さらに，日本海沿岸そして内陸においても地震の発生とそのリスクが危惧されているのは周知のとおりである．高度に都市機能が集積した地域，高齢化・人口減少が進む地方，情報化が発達した社会基盤など，人々の生活環境が大きく変化し続ける現代社会の中で，可能な限りの被害の最小化と迅速な事後対応への備えが求められている．

さて，**第2部**は，「激甚化する地震災害と社会インフラの機能維持」と題し，近年発生した東日本大震災や熊本地震における橋梁の被害経験から得られた新たな教訓と，それに対してとられた技術的対応を整理するとともに，今後発生が予測されている巨大地震に対する社会インフラとしての機能維持の観点で重要と考える技術課題とその展開について整理を試みたい．

技術課題や展開は，あくまで著者の私見であるが，読者各位のさまざまな意見，提案等によって，次なる耐震技術開発の議論につながることを願う次第である．

1－1　2011年東日本大震災のインパクト

東北地方太平洋沖地震の規模M9.0は，国内観測史上最大，世界史上でも4番目という大きさであった．地震により，東北地方太平洋沿岸をはじめとして全国の沿岸で津波が観測された．気象庁の観測施設では，福島県相馬市で9.3m以上，宮城県石巻市で8.6m以上など，東日本の太平洋沿岸を中心に非常に高い津波が観測された．東北地方太平洋沖地震津波合同調査グループ[1)]によれば，岩手県から宮城県にかけて最大30m級の津波が襲来し，これによって激甚な被害がもたらされたことが報告されている．さらに，その直後に台風12号，15号による洪水・土砂災害も発生し，異種の災害の重畳化によって地震災害の影響をさらに大きくする事象も発生した．

改めて，東日本大震災から得られた重要な教訓は，

①従来の経験や想定を大きく超える規模の自然災害に対する備え

②地震・津波・洪水・地すべりなどが複合的に発生することによる災害の重畳化に対する備え

が不可欠だということと考える．

政府による東日本大震災からの復興の基本方針[2)]にも，災害に強い地域作りのために，「減災」の考え方に基づくハード・ソフト施策の総動員，大規模災害への対応力を高めた国土基盤の構築，じん性の高い多重防御といった観点が大きな方針として示された．このような教訓を踏まえ，これまで十分に検討が行われてこなかった想定を超えるような災害リスクに対しても住民の生命を守ることを最優先として，最低限必要な社会経済機能を維持できる高い災害じん性を有する国家基盤の構築が求められている．

1-2 過去の津波災害による橋梁の流失被害

(1) 我が国における主な橋梁の流失被害

我が国では，過去の地震により多くの津波災害を経験してきた．多数の橋梁の破壊・流失被害が報告されている代表的な地震としては，昭和8年（1933年）昭和三陸地震，昭和19年（1944年）東南海地震，昭和21年（1946年）南海地震，昭和35年（1960年）チリ地震津波，そして，昭和58年（1983年）日本海中部地震，が挙げられる[3)]．津波による橋梁の被害モードとしては大きく以下に分類できる．

①橋梁本体（上部構造，下部構造）の流失，破壊・破損

・水流による上部構造･下部構造の流失，洗掘による下部構造の転倒･倒壊等

・船舶・木材などの漂流物の衝突による破壊・破損等

②橋台ウイングや橋台背面の土工部の流失

・水流による土工部の流失，橋台の転倒・倒壊等

上記の地震の中でも，昭和35年（1960年）チリ地震は，世界史上最大のM9.5を記録した超巨大地震であった．津波は22時間かけて太平洋を横断し，日本の太平洋岸に到達し，死者・行方不明者約140人という甚大な人的被害とともに，合計14橋の橋梁の流失被害を発生させた．

ここでは，沖縄県の屋我地島と奥武島を結ぶ初代屋我地大橋の被害を示す[4)]．本橋は，昭和28年（1953年）に完成した橋長146m，幅員5.5mのコンクリート橋で，3.5m級とされる津波により，写真-1.1に示すように上部構造の流失・落下，下部構造の傾斜・転倒被害が発生した．チリ地震より前の橋梁被害としては，木橋の流失被害が多く報告されていたが，屋我地大橋の被害は，道路橋の基準が整備され始めた時期に築造された本格的なコ

写真-1.1　1960年チリ地震による初代屋我地大橋の被害（沖縄タイムス社提供）

ンクリート橋が津波によって流失した代表的な被害の１つであった．

昭和58年（1983年）に発生した日本海中部地震（M7.7）は，上記のチリ地震以来となる大きな津波を発生させた地震で，死者104名という甚大な被害を引き起こした[5)]．橋梁の被害としては，震源から少し離れた島根県中村湾で月出橋が落橋する被害を受けた．月出橋は，橋長30m（支間長6m），木橋部４連，コンクリート床版橋1連がパイルベント橋脚に支持される橋であった．津波により係留されていた漁船が上流に押し流され，２隻が月出橋に乗り上げ，木橋部３連が落橋した．落橋した部分は木橋構造であり，必ずしも強度の高いものでなかったとも言えるが，津波によって漂流する船舶の衝突が橋梁の落橋を引き起こした重要な被害事例であったと考えられる．

以上のように，我が国では津波災害による甚大な影響を受けてきたが，具体的に津波の影響を橋梁の構造設計に取り入れるまでには至っていなかった．リスクとしては認識されてきたものの，襲来津波の高さの予測の困難さ，構造物への津波の影響の評価法，そして設計法・対策法等の研究開発にはまだ時間を要する状況であったと考えられる．

（２）海外における主な橋梁の流失被害

近代的な構造を有する多数の橋梁が流失被害を受けたのは，平成16年

写真-1.2　スマトラ島バンダアチェ市の壊滅的な被害

写真-1.3　バンダアチェ市南部のセメント工場建屋の破壊

（2004年）にインド洋で発生したスマトラ島沖地震であった．M9.1という超巨大地震がスマトラ島北部の西海岸を中心に，平均高さ10m，最大高さ30m級とされる巨大津波を引き起こした．地震の震源域の長さが約1,300kmで，約500kmとされる東北地方太平洋沖地震の２倍以上という巨大さであり，この地震によって死者・行方不明者約23万人という激烈な被害を発生

写真-1.4　上部構造の橋軸直角方向大変位（バンダアチェ市）

させた．

スマトラ島北部にはバンダアチェ市がある．この街を襲った津波は，写真-1.2に示すように頑丈なコンクリート製建物を除いて街並みすべてを押し流し，あたり一面を全く何も残らない廃墟と変えてしまった．写真-1.3は，30m級の津波によって壊滅的な被害を受けたセメント工場の建屋被害を示したものであるが，爆発事故のような惨状を呈している．

強烈な津波が襲ったスマトラ島北西岸において，北端のバンダアチェ市からその南東約250kmに位置するムラボー市までを結ぶ幹線道路には，約170橋の橋梁があったが，そのうち半数となる約80橋が津波により流失あるいは甚大な被害を受けたとされている．海岸沿いを走る唯一の幹線交通ルートであり，津波による壊滅的な被害は沿線地域の孤立化を引き起こした．避難・救助・救援のための人や物資の輸送機能の完全な喪失によって，交通機能が欠くことのできない重要な社会インフラであることを再認識させられることとなった．

バンダアチェ市内で，津波によって甚大な被害を受けた橋梁の被害例を示す．写真-1.4は，両端に橋台を有する単純コンクリート桁橋で，上部構造の完全な流失には至らなかったものの，橋軸直角方向に約１mの大きな

写真-1.5　津波に抵抗したコンクリート橋（バンダアチェ市）と
コンクリートブロックタイプのせん断キー

写真-1.6　トラス橋の流失被害例

残留変位が発生した．本橋の支承部構造に着目してみると，ゴムパッド支承を介してコンクリート桁を橋台に載せただけの構造であり，水平方向の変位を拘束する機構を有していなかった．

写真-1.5は，バンダアチェ市内の大河川を渡る多径間単純コンクリート桁橋である．添架物の流失被害が確認されたが，橋桁や下部構造など橋本体としては特に顕著な被害は確認されなかった．本橋の支承部には，コンクリートブロックタイプのせん断キーが設置され，水平力に抵抗する構造となっていた．インドネシアの橋梁設計基準は，日本やニュージーランドの基準を参考に作成されており，設計地震力は我が国のレベル１地震動と同レベルの値が採用されるとともに，じん性構造への配慮，せん断キーの設置などが規定されていた．

スマトラ島西海岸の道路では，多数の鋼トラス橋の流出被害が確認された．写真-1.6はその一例であり，単純鋼トラス橋が写真手前の橋台部から

写真-1.7　上弦材を超える高さの津波に抵抗したトラス橋とその支承部構造

陸側に流失している．支承部にはベースプレートなどの鋼製部材が残されているものの，ボルト等による支承との連結構造は確認できない．一方，写真-1.7に示すように同種のトラス構造で流失を免れた橋も存在した．本橋の支承部を見ると，鋼製部材とボルトで橋台にしっかりと結合される構造を有していた．

以上の被害を見てみると，橋梁の多くの流失被害が確認された一方で，津波に対しても相応に抵抗し，津波災害後にもその機能を維持できた橋梁も存在した．上部構造が流失した橋では，上下部構造間が支承等で連結されていなかった構造が目立った．せん断キーを有していたり，支承によって上下部構造が連結されていた場合には，それによって流失を免れたと思

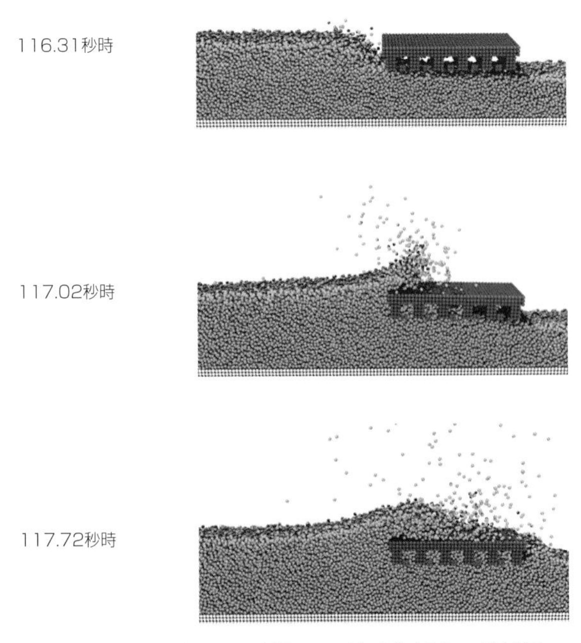

図-1.1　MPS法による橋梁への津波作用力の解析例

われる事例が確認された．

当然力学的には，構造・断面条件に応じた津波による波力や浮力作用と，橋梁部材の抵抗特性の大小関係によって損傷や流失の発生が影響されると考えられる．こうした被害からは，定性的には，橋桁の重量や剛度（コンクリート橋と鋼橋の相違），そして支承部のせん断キーやアップリフトに対する連結構造が重要ポイントと考えられた．スマトラ島沖地震において，船舶の衝突による橋梁の被害は明確には確認されなかったが，多数の大型船舶が津波によって流され，陸上部に取り残される状況も発生していた．

（3）津波が橋梁に及ぼす影響評価に関する研究開発

我が国の橋梁構造に類似する多くの橋梁において流失被害が発生したスマトラ島沖地震の経験を受け，津波の影響を力学的かつ定量的に評価するためのさまざまな研究開発が活発化した．一例を示すと，図-1.1は，橋梁の流失メカニズムの再現と橋梁への津波波力の評価のためのシミュレーション解析の例である．津波現象をMPS法（Moving Particles Semi-implicit Method）という粒子解析法を用いてモデル化し，水路実験の解析により精度検証を行うとともに，津波による水平方向の波力や鉛直方向の浮力の作用特性が研究された例である[6),7)]．また，国や学会等でも各種研究委員会が設置されるなど精力的な研究活動が進められた[8)〜10)]．

1-3　2011年東日本大震災後の「道路橋示方書」の改定

(1) 東日本大震災による橋梁の流失被害

橋梁への津波の影響評価に関する研究も進行している中で東日本大震災が発生した．国土交通省の報告[11]によれば，国道45号において上部構造の流失等の損傷が確認された橋梁が9橋，都道府県管理国道・都道府県道等においては12橋とされており，幹線道路となる重要路線の橋梁も甚大な被害を受けた．

ここでは，写真-1.8に示すように10m級の津波によって市街が壊滅的な被害を受けた陸前高田市内の国道45号上の2橋（沼田跨線橋，気仙大橋）を例に津波による流失被害の特徴を示す[12]．

写真-1.9～11は，沼田跨線橋の上部構造の流失状況と橋台背面土の土砂の洗掘状況を示したものである．本橋は，JR大船渡線を跨ぐ橋長65mの3

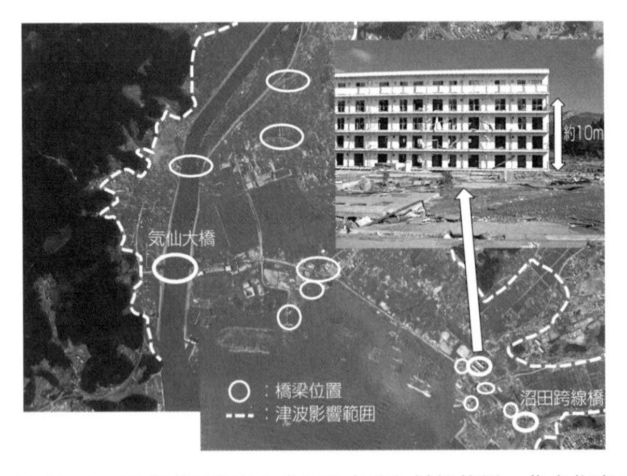

写真-1.8　陸前高田市内の津波浸水域と橋梁位置，集合住宅に残された津波浸水高さの痕跡（高さ約10m）

写真-1.9　沼田跨線橋の橋脚と上部構造３径間の流失

写真-1.10　沼田跨線橋の上部構造３径間の落下状況

写真-1.11　沼田跨線橋の橋台背面土と盛土の流失

径間単純PC桁橋で，1983年に建設された．下部構造はRC壁式橋脚で，場所打ち杭基礎で支持されている．本橋では，震災前に橋脚に対してはRC巻立て，支承部にはコンクリートブロックタイプの落橋防止構造の設置による耐震補強対策が実施されていた．津波により，上部構造３径間は，写真-1.10に示すように本橋のすぐ陸側に天地そのままの状態で落下した．また，橋台背面部では，写真-1.11に示すように土工部が完全に失われ，橋台背面がむき出し状態となっており，水流による洗掘現象が激しく生じたことが推定された．

写真-1.9に示すように，橋台，橋脚すべての支承部には，コンクリート

写真-1.12　震災前の気仙大橋

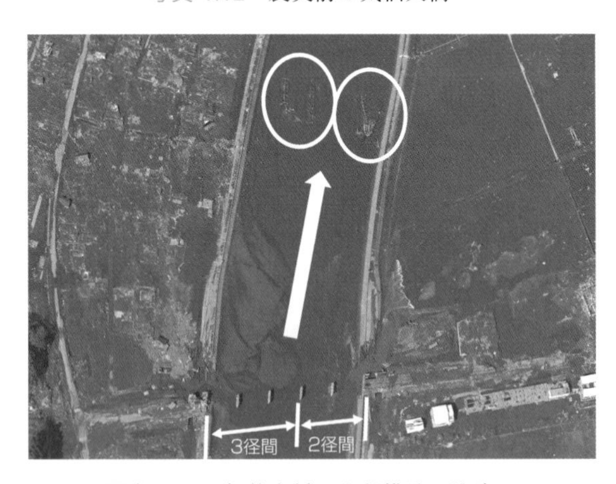

写真-1.13　気仙大橋の上部構造の流失

ブロックタイプの落橋防止構造が設置されていたが，それが大きく破壊することなく，そのままの状態で残されていた．これは，本橋の上部構造3径間が津波による水平方向の波力によって落下したのではなく，上部構造が浮力によって浮き上がり，支承部から外れた状態で陸側に流され落下したと推定することができる．

次に，気仙川河口部を渡河する気仙大橋について示す．写真-1.12は震災前の気仙大橋を示したものであり，橋長181.5m，３径間連続鋼鈑桁橋と2径間連続鋼鈑桁橋の２連で構成される．昭和57年（1982年）に建設された橋で壁式橋脚が鋼製杭基礎で支持される．もともとは上部構造を鋼製支承で支持する構造であったが，震災前に耐震補強対策として積層ゴム支承を用いた地震力分散構造に構造改善されていた．さらに，地震時の変位を低減するために振動エネルギーの吸収を図るダンパも各支承位置に２基設置されていた．

地震によって，写真-1.13に示すように上部構造の主桁の一部は約400m上流側に流失，落下した状態で残されていた．鋼桁はコンクリート床版と完全に分離し，U字状に激しく変形していた．写真-1.14に示すように，積

写真-1.14　気仙大橋の橋脚の被害状況と支承の破断

層ゴム支承は，ゴム層部分で破断し，ダンパも端部部材や固定ボルトが破断していた．鋼鈑桁橋は，隣接する鋼桁間を横桁や横構で連結して全体の剛度を確保する構造のため，津波によって海側側面から大きな水平力を鋼桁が受けた場合には，海側の端部鋼桁とそれを水平に支持する横桁と横構を変形させ，隣接する鋼桁の変形や支承の破断等に進展しながら流失したであろうことが推測される．上部構造がそのまま浮き上がり，落下した沼田跨線橋のようなコンクリート桁橋の被害モードとは異なる鋼桁橋の被害モードに関する重要被害の１つとなった．

なお，気仙大橋は，地震直後には通行機能が確保できていたことが明らかにされており，地震力分散構造やダンパが揺れに対して有効に機能していた．

（2）「道路橋示方書」の改定と津波対策に関する研究開発

東日本大震災では，東北地方から関東地方にかけて継続時間の長い揺れを観測し，太平洋沿岸域では津波により上部構造の流失などの深刻な被害を生じたのは上記のとおりである．一方で，例えば，海岸沿いの国道45号に対して，津波を考慮して高台に計画・整備された高速道路（三陸縦貫自動車道）が住民避難や復旧のための緊急輸送路として有効に機能したことも報告されており，道路ネットワーク整備の有効性が明らかにされた重要事例となっている．

震災からの復旧や新たに整備される道路橋に対して，東日本大震災から得られた教訓や調査研究成果を早期に「道路橋示方書」に反映させるために規定の見直しが進められた．震災２カ月後の平成23年（2011年）５月に道路橋の基準の改定作業を進める（公社）日本道路協会に設置されている橋梁委員会が開催され，東北地方太平洋沖地震を踏まえた「道路橋示方書」にかかわる課題として，地震動や液状化とともに津波の影響に関する議論が進められた[13)]．国土交通省による検討後，平成24年（2012年）２月16日付

写真-1.15　1/20規模の大型水路実験による橋梁への津波波力の評価研究例[23)]

けで都市局長・道路局長から「橋，高架の道路等の技術基準」として通達されるとともに，「道路橋示方書・同解説」が同年３月26日に発刊された．

津波対策に関しては，「道路橋示方書 Ⅴ耐震設計編 2.1耐震設計の基本方針」において，津波の影響を受けるリスクのある橋の構造計画として，「耐震設計にあたっては，地形・地質・地盤条件，立地条件，津波に関する地域の防災計画等を考慮した上で構造を計画するとともに，橋を構成する各部材及び橋全体系が必要な耐震性を有するように配慮しなければならない．」と規定された[14)]．構造計画の考え方の例としては，例えば，津波に関する地域の防災計画等を参考にしながら津波の高さに対して桁下空間を確保すること，津波の影響を受けにくいような構造的工夫を施すこと，上部構造が流失しても復旧しやすいように構造的な配慮をすること，などが解説されている[15)～17)]．

「道路橋示方書」では，確立した標準手法としてまでは示されなかったが，被害橋梁の詳細な分析[18)]や写真-1.15に示すような大規模水路実験等を通じた津波により橋が受ける影響度の評価法，フェアリング等を用いた津波による影響低減のための構造的な配慮の具体策の研究などが，学会等を含め多くの調査研究により進められてきている[19)～23)]．

おわりに

第1章ではこれまでの津波被害とその対応に関して整理した．津波の推定や津波の影響に関しては，その複雑さから十分に明らかにされていない点が多い．想像力と洞察力の感度を高めつつ，技術的な備えを継続したいと考える．

謝　辞

写真-1.1は沖縄タイムス社に提供いただいた．**写真-1.8, 1.10, 1.13**は，「平成23年（2011年）東北地方太平洋沖地震による被災地の空中写真」（国土地理院）（https://saigai.gsi.go.jp/h23taiheiyo-hr/index.html）をもとに作成したものである．ここに記して御礼申し上げる．

〔参 考 文 献〕

1）東北地方太平洋沖地震津波合同調査グループ（土木学会をはじめとする関連学協会）による調査結果（2012年12月29日時点），http://www.coastal.jp/ttjt/
2）東日本大震災復興対策本部：東日本大震災からの復興の基本方針，2011年7月29日，http://www.reconstruction.go.jp/topics/doc/20110729houshin.pdf
3）首藤伸夫：津波来襲直後の陸上交通障害について，津波工学研究報告14，pp.1 ～ 31（1997）
4）沖縄県公式ホームページ：http://www.pref.okinawa.jp/site/doboku/dorogai/kikaku/documents/bridge_2016-8_1.pdf
5）建設省土木研究所：1983年日本海中部地震災害調査報告，土木研究所報告第165号（1985.3）
6）運上茂樹：津波および高潮による橋梁構造物の被災メカニズムの解明に関する研究，科研費2006年度採択課題（2006）
7）薄井稔弘，運上茂樹，杉本　健：津波に対する道路橋の被害軽減に関する解析的検討，構造工学論文集Vol.56A（2010.3）
8）幸左賢二：津波による道路構造物の被害予測とその軽減策に関する研究，国土交通省「道路政策の質の向上に資する技術研究開発」2007年度採択課題（2007）
9）（社）土木学会：地震時保有水平耐力法に基づく耐震設計法研究委員会報告書（2010.2）
10）（社）日本地震工学会：津波災害の軽減方策に関する研究委員会報告書（2008.5）
11）国土交通省：東日本大震災被害報告（第120報：平成25年4月1日（月）10:00作成），http://www.mlit.go.jp/common/000997598.pdf
12）国土交通省国土技術政策総合研究所，（国研）土木研究所：平成23年（2011年）東北地方太平洋沖地震による道路橋等の被害調査報告，国土技術政策総合研究所資料第814号，土木研究所資料第4295号（2014.12）
13）国土交通省国土技術政策総合研究所：2011年東日本大震災に対する国土技術政策総合研究所の取り組み，国土技術政策総合研究所研究報告第52号（2013.1）
14）（公社）日本道路協会：道路橋示方書・同解説　V耐震設計編（2012.3）
15）（公社）日本道路協会：道路橋示方書・同解説　V耐震設計編に関する参考資料（2015.3）
16）星隈順一，中尾尚史：津波により橋に生じる挙動のメカニズム，橋梁と基礎，pp. 71 ～ 73（2013.8）
17）星隈順一：橋の耐震性能評価技術の向上と津波の影響への対応，土木技術資料，第55巻，第10号，pp.26 ～ 31（2013.10）
18）片岡正次郎，金子正洋，松岡一成，長屋和宏，運上茂樹：上部構造と橋脚が流出した道路橋の地震・津波被害再現解析，土木学会論文集A1（構造・地震工学），Vol. 69，No. 4, pp. I_932 ～I_941（2013）
19）幸左賢二：津波に強い道路構造物の研究開発，国土交通省「道路政策の質の向上に資する技術研究開発」2012年度採択課題（2013）
20）星隈順一，張　広鋒，中尾尚史，炭村　透：津波により橋の構造部材に生じる力の特性，土木技術資料，第55巻，第4号，pp. 26 ～ 29（2013.4）
21）中尾尚史，張　広鋒，炭村　透，星隈順一：上部構造の断面特性が津波によって橋に生じる作用に及ぼす影響，土木学会論文集，Vol. 69, No.4, pp. Ⅰ_42 ～Ⅰ_54（2013）
22）（公社）土木学会：東日本大震災による橋梁等の被害分析小委員会中間報告書（2014.8）
23）星隈順一，張　広鋒，中尾尚史，炭村　透：津波が作用したときの橋梁上部構造の挙動に関する研究，土木研究所資料第4318号（2016.1）

第2章

2016年熊本地震と地盤変状災害

熊本地震で崩壊した国道325号阿蘇大橋の崩落斜面反対側の端部橋台．
大規模斜面の崩壊によってアーチ橋全体が喪失し，端部の単純径間のみ斜面に残存．地震による強い揺れとともに，斜面からの大量の崩壊土砂の影響を受けて被災したと推定．

はじめに

平成28年（2016年）熊本地震における大規模な斜面崩壊に起因する「国道325号阿蘇大橋」の崩落被害は，改めて，大石[1),2)]が指摘する我が国で生きていくうえで心得ていなければならない日本国土の宿命を思い知らされる．すなわち，

・国土面積の70％が山岳地帯
・国土を脊梁山脈が縦貫し，ほとんどの河川が急流河川
・多くの断層や火山が存在し，地質が複雑で不安定
・平野が少なく可住地が分散し，これらを連絡する道路などの交通路が不可欠

そして，

・プレートが集中する大規模地震多発地帯に位置し，世界的に最も厳しい地震環境下にある

ことである．

熊本地震で発生したような地震による斜面災害が道路や橋梁に重大な影響を及ぼした事例はこれまでも多く発生している．近年では，昭和53年（1978年）伊豆大島近海地震（M7.0），昭和59年（1984年）長野県西部地震（M6.9），平成16年（2004年）新潟県中越地震（M6.8），そして，平成20年（2008年）岩手・宮城内陸地震，などが挙げられる[3),4)]．

本章では，熊本地震とともに過去の地震による被害とその分析に関する調査結果に基づき，斜面崩壊や断層変位による地盤変状に伴う構造物の被害とその対応策の考え方の現状について整理する．

2－1 2016年熊本地震のインパクト

平成28年（2016年）熊本地震では，日奈久断層帯と布田川断層帯という隣接する断層帯において，それぞれM6.5とM7.3の２つの地震が連続して発生し，非常に強い揺れ（震度７）と地表地震断層を発生させた[5]．いずれも横ずれ型の断層であり，地表地震断層の最大変位量は2.2mと報告されている．強震観測データによれば，震源近傍では，平成７年（1995年）兵庫県南部地震で観測された地震動と同レベルか，周期帯によってはそれを上回る強い地震動が観測された．橋梁の被害としては，主に断層に沿った地域において断層変位や大規模な斜面崩壊を含む地盤変状による被害とともに，ロッキング橋脚という水平力を支持しない橋脚を有する特殊橋において桁端部の支承構造の破壊に伴う落橋被害も発生した．

国土交通省による調査によれば[6]，熊本県内，大分県内で震度６弱以上を観測した地域内の橋梁数は約15,700橋であり，このうち軽微な損傷を含め何らかの被害が発生した橋は182橋（1.2%），また，このうち平成７年（1995年）の兵庫県南部地震の経験を踏まえて改訂された基準に基づくと考えられる平成９年（1997年）以降に建設された1,250橋のうち何らかの被害が生じた橋は20橋（1.6%）と報告されている．軽微なものを含む被害率としては高くはないが，落橋あるいは落橋に近い重大な被害も発生した．

熊本地震の被害を受け，国土交通省に設置されている道路技術小委員会において耐震設計に関して議論になったポイントとしては以下の点が挙げられる[6]．

1）現行基準と同等の橋梁の性能は確保できていたのか？

2）一部の周期帯でレベル２地震動の設計スペクトルを超過する観測記録が得られたが，設計地震動は妥当なのか？

3）地盤変状による被災が発生しており，地質・地盤調査，橋の構造形

写真-2.1　大切畑大橋上部構造の大変位とゴム支承の破断

式，設置位置等の規定が必要ではないのか？

1）の課題について，兵庫県南部地震以降の基準が適用された道路橋で確保すべき性能を満足できなかったのは，俵山大橋，扇の坂橋，大切畑大橋の３橋であったと報告されている．写真-2.1は，そのうちの１つである大切畑大橋の橋台部における上部構造の残留変位とゴム支承の破断状況を示したものである．被害調査や測量結果によれば，これらの３橋では支承が設置されている下部構造ごとにゴム支承の破壊形態や残留変位の方向が異なるなど，地震動の影響だけで生じた被害とは考えにくく，地盤変状に伴う下部構造の移動の影響も加わって生じた被害と推定された．

2）の設計地震動に関する課題については，多数の強震記録の分析，そして設計スペクトルを超える地震記録における建物の振動の影響の分析等から，全体として設計地震動と同等レベルであったことが評価されている．

3）の課題に関する重要な被害の１つは冒頭の阿蘇大橋の落橋である．阿蘇大橋は，橋長206m，谷部を渡るトラスト逆ランガーと，その斜面側に３径間連続非合成鈑桁，対岸側に単純合成鈑桁を有する５径間の橋梁である．延長約700m，幅約200mの大規模な斜面崩壊が発生し，両桁端部の橋台，ランガー橋の両アバットのみを残して全橋が崩落した．落橋要因は厳密には明らかではないが，考えられる要因としては，①地震動，②断層変位や地盤変位，③斜面からの崩落土砂，の影響が挙げられる．強震動を受けたと推定されるが，同種のアーチ形式である南阿蘇橋など周囲の橋梁では震動被害は著しいものはなかったことから，一つの仮説としては，崩壊斜面が斜面側の３径間部の橋脚とその杭基礎ごと押し流し，それがランガー橋の斜面側アバット周辺のアーチトラス部材を破壊し，巻き込みながら全体が崩落していった可能性が推測される．写真-2.2は，崩壊斜面側に残存した橋台と岩上に直接基礎で設置されていたランガー橋のアバットである．斜面の崩壊により３径間部が基礎地盤ごと失われている．

被害要因として，周囲の測量データに基づき，上記②の地盤変位によってアバットが谷側に大きく変位し，それがアーチリブの損傷を引き起こし

写真-2.2　落橋した阿蘇大橋の崩壊斜面側に残存した橋台とランガー橋のアバット

写真-2.3　落橋した阿蘇大橋の崩壊斜面対岸側の
橋台パラペット部の押込み損傷

落橋要因となったのではないかという分析もある[7)]．写真-2.3は斜面対岸側の橋台である．パラペット部が十数cm程度橋台背面土側に押し込まれ，伸縮装置が舗装に潜り込むように損傷しており，上部構造全体が斜面対岸側に向かって変位した痕跡が確認される．

こうした甚大な被害に関する事実を踏まえ，斜面崩壊等の地盤変状に対してどのように対応すべきかというのが3）の課題である．地質・地盤調査の観点からは，阿蘇大橋に影響を及ぼした斜面周辺では明瞭な崩壊跡地が認められ，過去にも同様の大規模な崩壊が繰り返し発生したこと，また，弾性波探査やボーリング調査から斜面の地質構成や緩み領域が存在したことが明らかにされている[5)]．しかしながら，どの程度の地震動強度でどの範囲で崩壊に至る可能性があるかなど，その推定精度を高めるのは容易ではない．重要構造物近傍の斜面のリスク評価のために，更なるデータと知見の蓄積が必要と考えられる．

次に構造形式の観点からは，阿蘇大橋に隣接するPC4径間連続ラーメン構造を有する阿蘇長陽大橋の被害特性が参考にされている[6]．周辺の斜面の崩壊により，特に一方の橋台では約2m大きく沈下，変位するなどの地盤変状の影響を受けたが，PC橋本体については限定的な損傷にとどまった．張出し架設工法の場合，橋台部の支持を喪失しても自立し得る構造であり，さらに連続ラーメン構造の場合，各支点の相対変位差は構造全体系の断面力バランスに大きな影響を及ぼすものの，落橋に至るような致命的な被害に対するリダンダンシーが高い構造と確認された事例である．

2-2 過去の地震による地盤変状に伴う橋梁被害

過去の地震において地盤変状の影響を受けた橋梁の中から，構造設計論的に議論の参考になると考えられる被害例として，平成11年（1999年）台湾・集集地震烏渓橋と，平成20年（2008年）岩手・宮城内陸地震祭時大橋の落橋被害について振り返る．

（1）1999年台湾・集集地震：烏渓橋の落橋

平成11年（1999年）9月21日に発生した台湾・集集地震（M7.6）においては，断層上に位置する土木構造物が甚大な被害を受けた．南北方向に走る車籠埔断層に沿って地表に現れた断層変位は最大で5～10m程度とされており，この断層上の橋梁では，落橋をはじめとする甚大な被害を受けた．地震の影響地域には約1,000橋の橋梁があり，このうち169橋が小～中被害，26橋が大被害（うち9橋が落橋）を受けたと報告されている[8)~10)]．1回の地震でこれだけの数の橋梁が断層変位の直撃を受け，落橋に至ったという事実と，その遭遇率の高さに留意すべきと考えられる．

落橋被害を受けた橋の中で重要と考えたのは，上り線下り線として，旧橋と新橋が並行する烏渓橋の被害である．同一の断層変位の影響によって両橋では異なる被害モードとなり，断層変位の作用に対して，どのような破壊モードが望ましいのかという観点で議論になる被害例である．

烏渓橋は，橋長624m，17径間の連結PC桁橋である．旧橋は昭和36年（1961年）に，新橋は昭和57年（1982年）に建設された．旧橋は断面が大きい壁式橋脚を，新橋は断面が相対的に小さい小判形断面の橋脚を有している．上部構造は，新橋・旧橋とも同一のPC5主桁で，3径間を基本に連結され，連結部の桁間は遊間をコンクリートと鉄筋によって床版部を一体化する構

写真-2.4　烏渓橋の被害（左側の旧橋の上部桁の落下）

写真-2.5　烏渓橋の被害（新橋P1橋脚のせん断破壊）

造となっていた．

断層は，鳥渓橋のＰ２～Ｐ３橋脚間において約45度で交差し，橋軸方向，橋軸直角方向，そして上下方向にそれぞれ約２mの変位差を発生させた．写真-2.4，5は，両橋の被害状況を示したものである．旧橋では橋脚本体への大きな被害はほとんどなかったものの，Ｐ１橋脚とＰ２橋脚の位置で２連の上部構造が落下した．これに対して，新橋ではＰ１橋脚からＰ８橋脚の中で複数の橋脚が写真-2.5に示すように橋軸直角方向にせん断破壊した．新橋は最終的な橋桁の落下までには至らなかったが，橋脚が大きく変位，せん断破壊したことから，上部構造には傾斜，沈下が発生し，道路としての交通機能は維持できていない．この被害状況から考察すべきは以下の点である．

・新橋，旧橋どちらが望ましい破壊モードなのか？
・損傷の分散化か，あるいは，集中化か？

旧橋は，断層交差部近傍で桁の落下に至るような被害が生じたが，断層交差部以外では必ずしも大きな被害は生じなかった．新橋は複数の下部構造に甚大な被害が発生したものの，橋桁の落下までには至らなかった．したがって，地震時安全性の観点からは，旧橋では道路利用者が影響を受けた可能性があり，新橋ではそれを最小限にとどめたと言える．一方，早期の機能回復の観点からは，旧橋は残された下部構造を再利用し，落下部に応急桁を設置すれば橋全体として早期に機能回復が可能となることが考えられる．新橋では損傷した複数の橋脚すべてに応急支保工などの対策が必要であり，旧橋よりも復旧により時間を要する可能性も高い．恒久復旧についても既設構造の再利用の可能性と再構築の必要性によって復旧時間が異なることが推測される．

断層変位に対して，橋全体としての変形性能を確保し変位作用を吸収・分散する構造を選択すべきか，あるいは，損傷部位を集中させ，その部分の交換等によってできるだけ早期に機能を回復可能な構造を選択すべきか，である．もちろん，構造物の重要性や断層変位の規模や方向によっても異なるであろう．できるだけ構造系の変形性能を大きくするためにゴム系支承等を活用したり，上部構造の落下を防ぐ桁かかり長を延長する構造としてニュージーランドでは桁を支持するキャッチフレーム構造[11)]の実績もある．

（2）2008年岩手・宮城内陸地震：祭時（まつるべ）大橋の落橋

平成20年（2008年）６月14日に岩手県内陸南部を震源とするM7.2の地震が発生し，この地震により国道342号祭時大橋が落橋するという被害を受けた[12)]．この被害は地上から一見しただけでは理解が困難で複雑なものであった．

祭時大橋は，昭和53年（1978年）に完成した両側に橋台を有する３径間連続非合成鈑桁橋である．秋田県側のＡ１橋台に固定支承を，岩手県側のＡ２橋台と中間の２つの橋脚に可動支承を有する１点固定方式の橋梁であ

写真-2.6　祭時大橋上部構造の落橋

る．写真-2.6に示すように，主桁端部は両側ともに橋台の支承から外れ，P２橋脚は頂部がそのままの状態で落下・沈降，P１橋脚は大きな損傷を受けていない状態で残され，ここで上部桁が折れ曲がるように大きく変形した．

特異な状況として挙げられるのは，まずＡ２橋台のパラペット壁の破壊形態である．パラペット壁は，写真-2.7に示すように橋台躯体位置から約４m背面土側に押し込まれた状態で残存した．パラペット壁には，主桁の衝突跡，主桁端部にもコンクリートとの接触跡や変形が確認されており，パラペット壁が主桁によって背面土側に押し込まれたことが確認された．

もう１つの特異な破壊形態はP2橋脚である．P２橋脚は，上部・中間部・下部の３つの部分に分断された状態でほぼ直下に落下していた．上部は上下そのままでA２橋台側に落下，中間部は上端をP１橋脚側に横倒し，下部はフーチング上の元のままの状態であった．現地での簡易測量によれば，図-2.1に示すように，橋長が約10m，A１～P１間は約１m，P１～A２間は約９m，それぞれ短縮していた．

写真-2.7　祭時大橋Ａ２橋台パラペットの押込み破壊

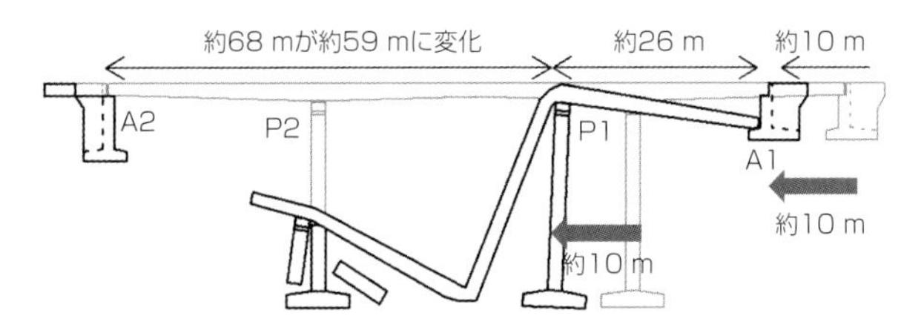

図-2.1　祭時大橋の変位と落橋状況[12]

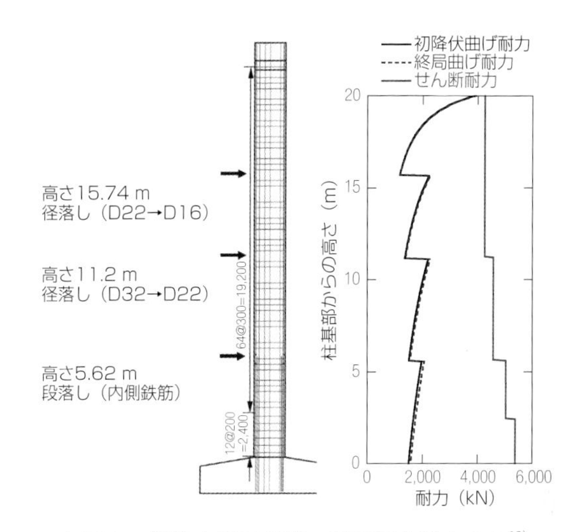

図-2.2　祭時大橋P1橋脚の配筋図と耐力分布[13]

Ａ１橋台側の背面では地山の大規模な変状が多数確認された．斜面の崩壊により，同一崩壊地盤上にあるＡ１橋台とＰ２橋脚がともにＡ２橋台側に約10m変位し，橋桁全体をＡ２橋台側に押し出したことによりＡ２橋台パラペットの押込み，Ｐ２橋脚の大変位と倒壊を引き起こし，上部構造の落下につながった可能性が推定された．

橋脚天端において最大約４mの大きな変位を受け倒壊したＰ２橋脚がどうして３つに分断されたのか，これはＰ２橋脚の耐力を分析することにより理解することができる[13]．図-2.2はP２橋脚の配筋と断面の曲げ終局耐力，初降伏耐力とせん断耐力の高さ方向の分布を示したものである．P２橋脚は高さ23mの高橋脚となることから，中間高さの３カ所で軸方向鉄筋の段落しあるいは径落しが行われていた．せん断耐力には余裕があり曲げ破壊型になるが，曲げ耐力は，柱基部から15.74mの位置の径落し部において最小となっており，実際の分断位置とも一致する．なお，可動支承を有する橋脚であることから軸方向鉄筋比が0.09%と非常に低く，この断面位置で軸方向鉄筋が破断し，橋脚がブロック状に分断されたと推定される．

さて，祭畤大橋の落橋被害（すなわち，地すべり）を事前に予測することは可能なのか．岩手県の報告[14]によれば，岩手・宮城内陸地震では多くの地すべり災害が発生したが，祭畤大橋のA１橋台側は地すべり地形と判読されていなかったこと，詳細な地形調査やボーリング調査が実施されたが，なぜそこで地すべりが発生したのかなどメカニズムを明らかにするのは困難であったことから，引き続き地震による地すべりデータの研究蓄積が必要であると報告された．

2-3 2016年熊本地震の教訓を踏まえた「道路橋示方書」の改定

熊本地震から1年後の平成29年（2017年）7月に，国土交通省から「道路橋示方書」の改定が通達された[15]．多様な構造や新材料に対応する部分係数設計法の導入と長寿命化を実現する維持管理手法等を規定した設計体系への改定とともに，熊本地震の被害を受けた対応策について規定された．

斜面崩壊および断層変位に対しては，津波対策の考え方と同様であり，「道路橋示方書 V耐震設計編 1.4 架橋位置と形式の選定において耐震設計上考慮する事項」において，「橋の耐震設計にあたっては，想定される地震によって生じ得る津波，斜面崩壊等及び断層変位に対して，これらの影響を受けないように架橋位置又は橋の形式の選定を行うことを標準とする．なお，やむを得ずこれらの影響を受ける架橋位置又は橋の形式となる場合には，少なくとも致命的な被害が生じにくくなるような構造とする等，地域の防災計画等とも整合するために必要な対策を講じなければならない．」と規定された．このために必要な地盤調査法や基礎の設置位置の選定法，致命的な被害が生じにくい構造形式の例などが解説されている．しかしながら，津波，斜面崩壊等および断層変位に対しては，想定に限界のある事象として認識し，被災時の機能回復の方策とそれに必要な資機材の整備，道路網の多重化による被災時の補完性を確保できる路線計画など，ハード・ソフトの両面からの対策の重要性も解説されている．地盤変状や断層変位の評価に関して標準的な調査により，その影響を容易に判断できる段階ではなく，設計者がこうしたリスクの可能性を十分認識したうえで，必要な調査と構造計画・構造設計を行うことが求められている．

おわりに

平成30年（2018年）７月の西日本豪雨では，高知自動車道の立川橋が斜面崩壊の影響により橋桁が流失する被害を受けた．９月の台風21号では，タンカーの衝突により関空連絡橋が損傷した．地震，台風等厳しい自然環境の中，未解明の点も多く，その精度の高い予測が困難な地盤変状に対してもその精度を高める努力とともに，構造設計論，防災・減災計画論と併せ，継続的な調査研究が求められている．

〔参 考 文 献〕

１）大石久和：国土と日本人，中公新書（2012）
２）大石久和：国土が日本人の謎を解く，産経新聞出版（2015）
３）(社)日本道路協会：道路の震災対策に関する調査報告（Ⅰ），1978年伊豆大島近海地震災害（1979.3）
４）(社)日本道路協会：道路震災対策便覧（震災復旧編）(2007.3)
５）国土交通省国土技術政策総合研究所，(国研)土木研究所：平成28年（2016年）熊本県土木施設被害調査報告，国総研資料第967号，土研資料第4359号（2017.3）
６）国土交通省道路技術小委員会：熊本地震を受けた対応・技術基準類への反映，http://www.mlit.go.jp/policy/shingikai/s204_dourogijyutsu01.html
７）(公社)土木学会：性能に基づく橋梁等構造物の耐震設計法に関する研究小委員会活動報告書（2018.3）
８）Kuo-Chun Chang, Dyi-Wei Chang, Meng-Hao Tsai, and Yu-Chi Sung: Seismic Performance of Highway Bridges, Earthquake Engineering and Engineering Seismology Volume 2, Number 1, pp. 55-77, 2000.3
９）幸左賢二：1999年9月21日台湾集集地震橋梁被害調査報告書，九州工業大学（2000.4）
10）(社)土木学会地震工学委員会：地震時保有水平耐力法に基づく耐震設計法研究委員会報告書（2001.3）
11）Ian J. Billings and Alan J. Powell: Thorndon Overbridge Seismic Retrofit, 11WCEE, Paper No.477（1996）
12）国土交通省国土技術政策総合研究所，(国研)土木研究所，(国研)建築研究所：平成20年（2008年）岩手・宮城内陸地震被害調査報告，国総研資料第486号，土研資料第4120号，建研資料第115号（2008.12）
13）堺　淳一，運上茂樹，星隈順一，張　広峰：平成20年岩手・宮城内陸地震により落橋した祭畤大橋の被害と地震応答特性に関する一検討，第3回近年の国内外で発生した大地震の記録と課題に関するシンポジウム，pp.107 ～ 114（2010.11）
14）国道342号祭畤大橋被災状況調査検討委員会：報告書（2009.6）
15）(公社)日本道路協会：道路橋示方書Ⅴ耐震設計編（2017.7）

第 3 章

切迫する大規模地震と耐震技術開発

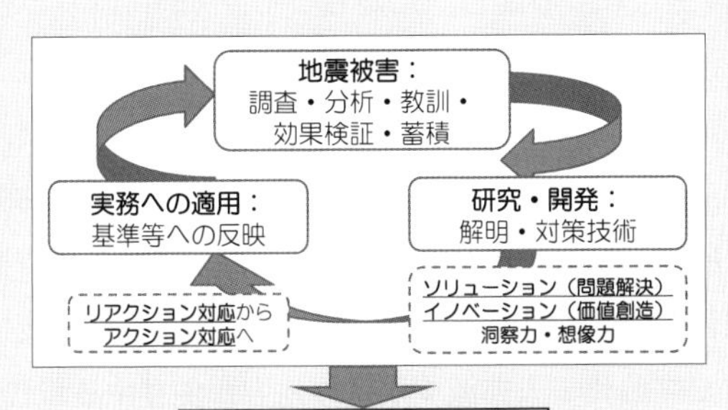

地震レジリエンス強化サイクルの駆動コンセプト．
社会構造の変化とともに，災害が変化・進化し，地震発生のたびに新たな課題・教訓が得られる．何故に被害・損傷が発生し，何故に発生しなかったのかという現象・メカニズムを解明し，実現象に対して合理性のある技術開発と社会実装の継続を示すサイクル．将来予測し得ない事象に対しても洞察力，想像力をもってあたることが不可欠．

はじめに

元アメリカ副大統領のアル・ゴア氏著「不都合な真実」の中に以下の一節がある[1]．「災いを引き起こすのは，“知らないこと”ではない．“知らないのに知っていると思い込んでいること”である（マーク・トウェイン）」．これまで何度も“想定外”の震災を経験してきた我が国としては身に染みる格言である．「災害を恐れ，心配し，だからこそ，“知りたい”と思うこと」が重要と考える．

現在，我が国では，南海トラフの巨大地震，首都直下地震，千島海溝地震等が高い確率で近い将来発生する可能性のあることが指摘されている．東京圏，名古屋圏，大阪圏といった高度に人口が集中し都市機能が集積した地域，情報化が発達し，交通・電力等ライフラインに極度に依存した都市構造，一方で高齢化・人口減少が進む地方が併存する現代社会の中で，可能な限りの被害の最小化と災害発生時の迅速な事後対応への備えが求められている．

平成25年（2013年）12月には，「強くしなやかな国民生活の実現を図るための防災・減災等に資する国土強靱化基本法」[2]が制定され，地震を含む大規模自然災害に対し，「人命の最大限の保護」，「社会機能の維持，被害の最小化」，「迅速な復旧復興」という基本方針のもとで国としての地震対策が進められている．

本章ではこうした大規模地震対策の基本方針のもとで橋梁構造分野の今後の耐震技術開発について考えてみたい．

3－1 巨大地震の切迫性と対策計画

高い確率でその発生が予測されている巨大地震のうち，ここでは，南海トラフの巨大地震について，その影響の大きさについて触れたい．

政府の地震調査研究推進本部の評価[3)]によれば，南海トラフの巨大地震は，その規模がM8～9，地震の発生確率は今後10年以内が30％程度，30年以内が70～80％とされており，遠くない将来，間違いなく発生すると認識し，備えなければならない巨大地震の１つとされている．

中央防災会議から平成25年（2013年）５月に公表された「南海トラフ巨大地震対策について（最終報告）」[4)]によれば，断層の強震動生成域を陸側と仮定したケースでは，九州宮崎から四国全域，そして静岡に至る非常に広い範囲の太平洋岸地域において，震度６強～７の強い揺れの発生が予測されている．津波に関しては，潮位などの条件によって相違するが，四国地方や紀伊半島沿岸部では最大30m級の津波の襲来が，そしてその津波は，直近の太平洋沿岸域には約30分以内に到達するとされている．背後に大都市圏を有する大阪湾，伊勢湾周辺では，地震の揺れは震度６弱～６強，そして約１時間以内に５m級の津波が襲来することが予測されている．

このような強い揺れや巨大な津波の発生により，死者は最大で約23万人，救助を要する人は最大で約４万人とされている．さらに，公共交通機関や通信・情報等のインフラ施設の被害，建物の倒壊・火災など，西日本を中心に広範囲にわたり，東日本大震災を超える甚大な人的・物的被害が発生することが想定されている．例えば，道路については，最大で約41,000カ所の被災が推定されている．資産被害は170兆円と推計されており，これは東日本大震災による直接被害額16.9兆円の約10倍となり，まさに国難となる災害である．

土木学会のレジリエンス委員会から公表された「『国難』をもたらす巨

大災害対策についての技術検討報告書」[5]によれば，重要な分析として長期的な経済被害が推計されており，20年の累計で1,240兆円と膨大な額になるとされている．同時に，「大都市への集中緩和策」，「より防災機能を重視したインフラ整備」によって，この経済被害が 1/3から６割程度軽減可能であることも提案されている．南海トラフの巨大地震による被害は主として津波によるものが大きいが，首都直下地震では強震動による構造物被害や火災の影響のほうが大きいとされている．地震動や津波の作用レベルとそれらが襲う地域によって被害特性が大きく異なる可能性についても注意が必要とされている．

こうした被害想定に対し，国土交通省からは，平成26年（2014年）４月に「国土交通省南海トラフ巨大地震対策計画［第１版］」が策定，公表されている[6]．「国土強靱化基本法（2013年12月）」，「南海トラフ地震に係る地震防災対策の推進に関する特別措置法（2013年11月改正）」を踏まえた事前防災・減災対策の強化が進められている．本計画における取組み対策としては以下の２本立てとされている．

・地震発生時における応急活動計画

巨大地震発生直後からおおむね７～10日目までの間を中心に，緊急的に実施すべき主要な応急活動，ならびに，当該活動を円滑に進めるためにあらかじめ平時から準備しておくべき事項

・地震の発生に備え戦略的に推進する対策

地震・津波による甚大な人的・物的被害を軽減するため，取り組むべき中長期的な視点も踏まえた予防的な対策

道路分野に関しては，避難路や避難場所の確保，緊急輸送道路の耐震化と代替道路ネットワークの整備など戦略的な事前予防対策，広域・広範囲の災害に対する防災情報システム等あらゆる手段を駆使した情報収集，被災地への進出ルートの総合啓開，そして啓開の障害となる放置車両対策等が重点対策事項とされ，備えが進められている[7]．

3−2 大規模地震に備えるための耐震技術開発

大規模地震に対する社会基盤のレジリエンスを高める地震災害対策として，震前・震後，あるいは，ハード・ソフト対策等，様々な対策が進められている[8]．ここでは，橋梁構造分野における耐震技術の現状を一覧するとともに，今後の耐震技術開発について整理を試みる．

（1）耐震技術の現状

橋梁構造分野の耐震技術はどこまで進んできているのか，改めて，これまでの技術開発の変遷を振り返る．表-3.1は，大正12年（1923年）関東地震以降の被害地震の発生とその教訓をもとに開発，発展してきた橋梁構造の耐震技術の進化を示したものである．

橋の設計において地震の影響を具体的に考慮するようになったのは，関東地震によって2,000橋近い橋が大きな被害を受けたことが契機である．橋台・橋脚等の設計に地震力に相当する静的な慣性力を作用させ，弾性範囲の挙動に制限する「**震度法と許容応力度法**」が導入された．地震の影響を設計に考慮することによって，その後の地震被害数は劇的に減少した．

昭和39年（1964年）新潟地震では，砂質地盤の液状化に伴う昭和大橋の落橋被害が生じた．この被害経験から「**液状化設計法**（判定法や基礎の設計法）」が開発され，そして支承破壊後の上部構造の変位による落下をできるだけ防ぐための「**フェイルセーフ設計法**（落橋防止構造）」が導入された．

昭和53年（1978年）宮城県沖地震では，鉄筋コンクリート橋脚や支承部などに被害が集中するようになった．これは，基礎や下部構造が強化されてきた結果，次の弱点部に損傷が変化してきたものである．こうした被害経験を踏まえ，鉄筋コンクリート橋脚のねばりを確保するための「**じん性設**

表-3.1　耐震技術開発の変遷と今後（文献9）に加筆修正）

年代	主な被害地震	道路橋の耐震設計関連規定	耐震技術開発：耐震要求性能	耐震技術開発：外的作用（地震作用）	耐震技術開発：耐震設計法・性能照査法	耐震技術開発：耐震構造・構造設計コンセプト
1920（大正9）年	1923（大正12）年 関東地震（M7.9）	1926（大正15）年 道路構造に関する細則案	大正12年関東地震による被害を踏まえた仕様設計	大正12年関東地震相当（水平震度0.1～0.3程度）	震度法と許容応力度法（弾性設計・静的設計）	
1930（昭和5）年		1939（昭和14）年 鋼道路橋設計示方書案				
1940（昭和15）年 1950（昭和25）年	1948（昭和23）年 福井地震（M7.1） 1952（昭和27）年 十勝沖地震（M8.2）	1956（昭和31）年 鋼道路橋設計示方書				
1960（昭和35）年	1964（昭和39）年 新潟地震（M7.5）	1964（昭和39）年 鋼道路橋設計示方書				
1970（昭和45）年	1971（昭和46）年 米国サンフェルナンド地震（Mw6.6） 1978（昭和53）年 宮城県沖地震（M7.4）	1971（昭和46）年 道路橋耐震設計指針				液状化設計法（判定・基礎の設計） フェイルセーフ設計法（落橋防止構造）
1980（昭和55）年	1983（昭和58）年 日本海中部地震（M7.7） 1989（平成元）年 米国ロマプリエータ地震（M7.1）	1980（昭和55）年 道路橋示方書 Ⅴ耐震設計編			じん性設計法（変形性能の照査）	鉄筋コンクリート部材の設計法・配筋細目（せん断・段落し等）
1990（平成2）年	1993（平成5）年 釧路沖地震（M7.8） 北海道南西沖地震（M7.8） 1994（平成6）年 米国ノースリッジ地震（Mw6.7）	1990（平成2）年 道路橋示方書 Ⅴ耐震設計編	①中規模地震に対する健全性の確保 ②大規模地震に対する致命的な被害の防止	2段階耐震設計法・2段階地震動 ①レベル1地震動（中規模地震）（震度0.1～0.3） ②レベル2地震動（関東地震相当の大規模地震）（震度0.7～1.0）	震度法（弾性設計） 地震時保有水平耐力法（静的設計・震度法・RC橋脚の塑性設計）	本格的なじん性設計法の導入 多径間連続構造・地震時水平力分散構造・免震設計法の適用
	1995（平成7）年 兵庫県南部地震（M7.3） 1999（平成11）年 トルコ・コジャエリ地震（M7.4） 台湾・集集地震（M7.3）	1995（平成7）年 兵庫県南部地震により被災した道路橋の復旧に係る仕様 1996（平成8）年 道路橋示方書 Ⅴ耐震設計編	耐震性能1～3 ①中規模地震に対する健全性の確保（耐震性能1） ②大規模地震に対する安全性・供用性・修復性の確保（重要度に応じて，耐震性能2，3） 耐震性能に応じた限界状態	②レベル2地震動（兵庫県南部地震のようなM7級内陸地震の追加）（震度1.5～2.0） 断層変位 断層近傍地震動（速度強度の大きいパルス的な地震動）	地震時保有水平耐力法（支承・橋脚・基礎等主要部材への適用） 動的解析による照査（非線形動的解析） キャパシティ・デザイン 変位ベース設計法	免震設計法の本格導入 構造部材（RC・鋼・その他）のねばり強い構造（じん性確保）のための構造細目 液状化に伴う流動化設計法 耐震性の低い既設構造物の耐震補強法（部材・全体系）

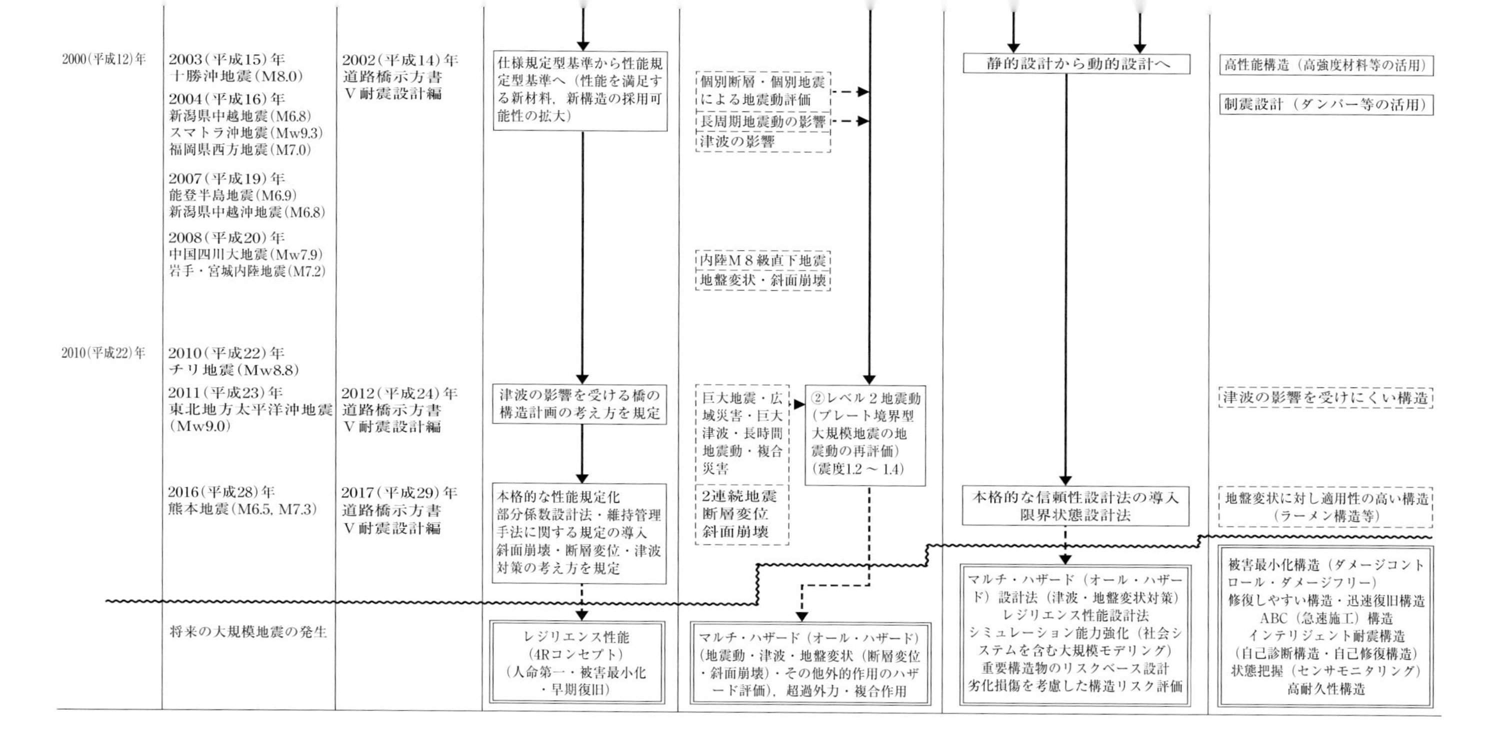
2000(平成12)年
2003(平成15)年
十勝沖地震(M8.0)
2004(平成16)年
新潟県中越地震(M6.8)
スマトラ沖地震(Mw9.3)
福岡県西方地震(M7.0)
2007(平成19)年
能登半島地震(M6.9)
新潟県中越沖地震(M6.8)
2008(平成20)年
中国四川大地震(Mw7.9)
岩手・宮城内陸地震(M7.2)
2010(平成22)年
2010(平成22)年
チリ地震(Mw8.8)
2011(平成23)年
東北地方太平洋沖地震(Mw9.0)
2016(平成28)年
熊本地震(M6.5, M7.3)
将来の大規模地震の発生
2002(平成14)年
道路橋示方書
V 耐震設計編
2012(平成24)年
道路橋示方書
V 耐震設計編
2017(平成29)年
道路橋示方書
V 耐震設計編
仕様規定型基準から性能規定型基準へ(性能を満足する新材料, 新構造の採用可能性の拡大)
津波の影響を受ける橋の構造計画の考え方を規定
本格的な性能規定化
部分係数設計法・維持管理手法に関する規定の導入
斜面崩壊・断層変位・津波対策の考え方を規定
レジリエンス性能
(4Rコンセプト)
(人命第一・被害最小化・早期復旧)
個別断層・個別地震による地震動評価
長周期地震動の影響
津波の影響
内陸M８級直下地震
地盤変状・斜面崩壊
巨大地震・広域災害・巨大津波・長時間地震動・複合災害
2連続地震
断層変位
斜面崩壊
②レベル２地震動(プレート境界型大規模地震の地震動の再評価)(震度1.2 ～ 1.4)
マルチ・ハザード(オール・ハザード)(地震動・津波・地盤変状(断層変位・斜面崩壊)・その他外的作用のハザード評価), 超過外力・複合作用
静的設計から動的設計へ
本格的な信頼性設計法の導入
限界状態設計法
マルチ・ハザード(オール・ハザード)設計法(津波・地盤変状対策)
レジリエンス性能設計法
シミュレーション能力強化(社会システムを含む大規模モデリング)
重要構造物のリスクベース設計
劣化損傷を考慮した構造リスク評価
高性能構造(高強度材料等の活用)
制震設計(ダンパー等の活用)
津波の影響を受けにくい構造
地盤変状に対し適用性の高い構造(ラーメン構造等)
被害最小化構造(ダメージコントロール・ダメージフリー)
修復しやすい構造・迅速復旧構造
ABC(急速施工)構造
インテリジェント耐震構造
(自己診断構造・自己修復構造)
状態把握(センサモニタリング)
高耐久性構造

計法」として，せん断に対する設計法，配筋細目，軸方向鉄筋の段落し部の設計法などが充実してきた．損傷が生じることを意識しない弾性設計法から踏み出し，大規模地震時には損傷が進展し，その損傷を許容範囲内に収めるという本格的なじん性設計法が「**地震時保有水平耐力法**」として開発された．L１地震，L２地震という２段階の地震動を考慮した「**２段階耐震設計法**」，また，こうした地震動に対して，それぞれ，「健全性の確保」，あるいは，「崩壊防止」といった設計において達成すべき目標性能を明示する「**性能設計法**」の先駆けとなった．

平成７年（1995年）兵庫県南部地震では，従来観測されたことがなかった強い地震動により，上部構造の落橋，橋脚の倒壊を含む関東地震以来の最大の被害を引き起こした．特に，落橋等の甚大な被害の多くは，鉄筋コンクリート橋脚の主鉄筋段落し部における曲げせん断損傷の影響を受けたものであった．このような被害経験を踏まえ，兵庫県南部地震のような「**内陸直下で起こるＭ７級の地震**」による地震動が耐震設計で考慮すべき地震動として位置付けられた．橋全体系としてねばり強く地震に耐える構造を目指し，橋脚，基礎，支承等の各構造部材に地震時保有水平耐力法が適用されることになった．強い地震を考慮して構造物の損傷の進展を追跡するための「**動的解析法**」，長周期化とエネルギー吸収性能の向上によって耐震性の向上を図る「**免震設計法**」，液状化に伴い発生する地盤の側方変位に対する「**液状化に伴う流動化設計法**」も導入された．また，地震による損傷を意図した適切な構造部位に誘導し，そこでエネルギー吸収を確実に図ることにより，橋全体としての安全性を確保するという「**キャパシティ・デザイン**（**損傷制御設計法**）」の考え方も導入された．そのほかに，相対的に耐震性の低い既設構造物の耐震性の向上を図るため，橋脚，支承，基礎の各部材，あるいは，これらを含む橋梁全体系としての「**耐震補強法**」も開発，適用されてきている．

その後，平成11年（1999年）トルコ・コジャエリ地震や台湾・集集地震において多くの落橋被害を生じさせた「**断層変位の影響**」，平成15年（2003年）十勝沖地震において石油タンクの火災を引き起こした「**長周期地震動**」，平成16年（2004年）スマトラ沖地震，そして平成23年（2011年）東北地方太平洋沖地震における「**巨大津波**」による橋梁の流失被害，平成20年（2008年）岩手・宮城内陸地震や平成28年（2016年）熊本地震における「**斜面崩壊**」による落橋被害等，従来には見られなかった新たな甚大な被害も発生している．また，平成22年（2010年）チリ地震，平成23年（2011年）東北地方太平洋沖地震では，巨大地震により延長500kmにわたるような広範囲で被害が発生する「**広域災害**」，地震と津波あるいは原子力災害等の「**複合災害**」が大きな影響を及ぼすことも指摘された．

「**津波，斜面崩壊および断層変位の影響**」については，現時点ではそのハザードの想定に限界のある事象であり，これらを直接的に設計に取り込む方法の確立までには至っていない．現状ではその影響を受けないように架橋位置または橋の形式の選定を行うこと，被災時の機能回復の方策とそれに必要な資機材の整備，道路網の多重化による被災時の補完性を確保できる路線計画など，ハード・ソフトの両面からの対策が行われている．

（2）今後の耐震技術開発

耐震技術は，実構造物の地震被害の経験から得られた教訓を１つひとつ克服しながら，より耐震性に優れた橋梁構造やその設計法が開発され，技術基準等を通じて社会実装されてきた．地震が発生した際には，引き続き，なぜ被害が発生したのか，あるいは発生しなかったのかについて，地震動強度や構造特性からの検証とその蓄積が重要と考える．これまでは，被害の経験・教訓を克服するという，いわば「リアクション」技術開発であったが，今後は今までは起きていないような想定外の事象を含めて先取りした「アクション」技術開発が必要になっていくと考える．

国土強靱化基本法に示される「人命第一」，「被害の最小化」，「早期復旧」

という基本方針に資する耐震技術としていろいろな研究開発が進められている．表-3.1の下段には，今後，技術開発あるいは実用化が必要と著者が考えるキーワードを示している．多くの課題が考えられるが，ここでは著者らが従来から提案してきたもの[9]を含め，以下の３点を強調したい．

①地震被害を受けない・受けにくい構造

②地震被害を自己検知・自己診断する構造

③地震被害を受けても早期に復旧可能な構造

できるだけ被害を軽減し，仮に被災が発生してもその状態を適格に検知そして診断可能で，さらには，それが容易に修復可能であるような構造物の実現である．

地震被害を受けない・受けにくい構造は，「**ダメージフリー構造**（**地震の影響にセンシティブではない構造**）」と呼んでいる．地震動の強度に比例させて構造物の保有性能を高めるというのではなく，地震作用の影響を低減，あるいは，構造物の性能を合理的に向上させて被害を受けにくくする構造機構の実現である．構造物地点における精度の高い地震動評価が必ずしも容易ではない中で，こうした構造機構をどう具体的に実現できるかが課題である．地震作用の影響を低減可能な機構としては免震構造が代表例であるが，例えば，すべり系免震構造では，水平方向の地震力が増大しすべり現象が発生すると，理想的には摩擦力以上の力が伝達されない機構となる．したがって，地震力を遮断可能で，地震の影響にセンシティブではない機構の一つとなる[10]．もちろん，地震動の方向性，変位応答の大きさなどの影響もあり，あらゆる地震作用に対して万能ではなく，ある制約条件内で成立し得る機構の一つである．損傷制御構造としたうえで，エネルギー吸収を図る損傷誘導部位への高性能材料や新たな機構の適用により，さらに構造全体として地震の影響を受けにくい構造実現の可能性を期待する．

次に，地震被害を受けた際に早期に復旧するためには，まずは可能な限り迅速に構造物の正確な被害状況を把握することが不可欠である．被害状況を自己検知・自己診断可能な機構を装備した構造を「**自己診断機能を有するインテリジェント耐震構造**」と呼んでいる．著者らが以前検討したインテリジェントセンサを用いた橋梁地震被災度判定システム[11]はその一例であり，これは地震被災度を迅速かつ客観的に判定するために，センサで構造物の挙動をモニタリングし，損傷の進展に伴う構造物の応答周期の変化に着目して地震被災度を判定しようというシステムである．このほかにも，自己診断機能を有するTRIP鋼を補強鉄筋に用いたり[12]，形状記憶合金ダンパーによってエネルギー吸収とともに自己修復機能を有する構造例などの提案もある[13]．近年，センサ・モニタリング技術，ICT技術，ものがインターネットにつながるIoT技術，さらには，ものに頭脳を持たせるBOT技術など，急速に発展・展開・実用化されつつあるのは周知のとおりである．センサやAIを活用し，常時・異常時の構造物の機能維持のための状態把握と診断機能を組み込んだ点検・見守りが可能になってきている．

自己診断機能・自己修復機能を装備したインテリジェント耐震構造の一つの将来の姿として以下のようなイメージを想定したい（以下，O：オーナー，B：構造物）．

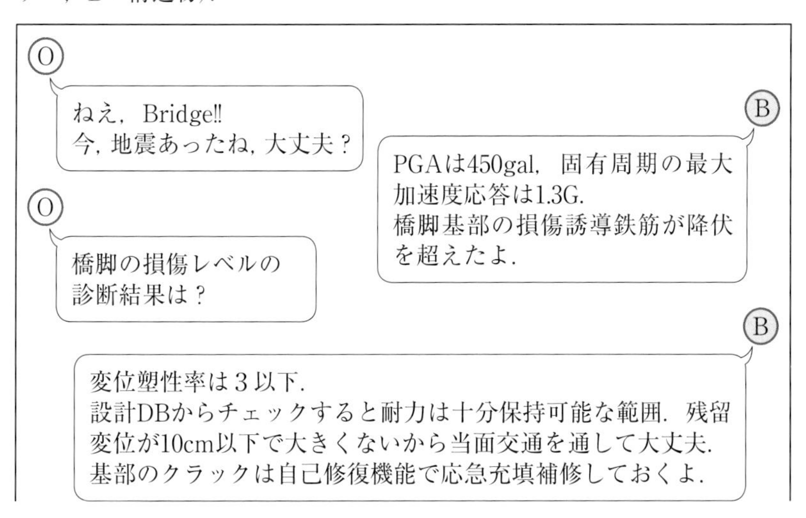

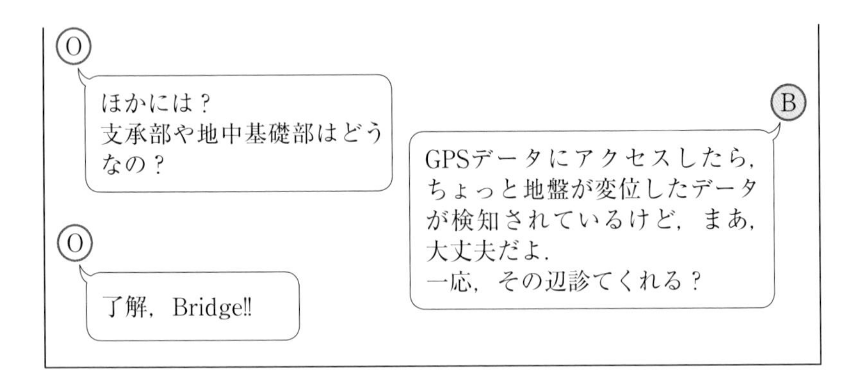
O
ほかには？
支承部や地中基礎部はどうなの？
B
GPSデータにアクセスしたら，ちょっと地盤が変位したデータが検知されているけど，まあ，大丈夫だよ．
一応，その辺診てくれる？
O
了解，Bridge!!

おわりに

平成30年（2018年）6月の大阪北部地震では，ブロック塀の倒壊による人的被害が発生した．従来から危険性が指摘されてきた付属物であったが，付属物であるがゆえに注意対象から外れてしまう可能性があるという点が教訓と考える．また，同年9月の北海道胆振東部地震では，北海道内で初めて震度7が観測されるとともに，発電所の被害によって全域で電力が停止してしまう「ブラックアウト」現象が初めて発生した．

表-3.1の下段に示した技術開発課題の中には，「**シミュレーション能力の強化**」も挙げた．従来経験したことがない想定を超える災害事象に対する備えとして，さまざまな観点でのシミュレーションは，我々の想像力と洞察力の感度を効果的に高めるうえで重要なツールになると考える．

〔参 考 文 献〕

1）アル・ゴア（枝廣淳子訳）：不都合な真実，pp. 20～21，ランダムハウス講談社（2007.1）
2）内閣官房：国土強靭化基本法，http://www.cas.go.jp/jp/seisaku/kokudo_kyoujinka/（2018.9）
3）政府地震調査研究推進本部：長期評価結果一覧，https://www.jishin.go.jp/main/choukihyoka/ichiran.pdf（2020.1）
4）中央防災会議：南海トラフ巨大地震対策について（最終報告）（2013.5）
5）土木学会平成29 年度会長特別委員会・レジリエンス確保に関する技術検討委員会：「国難」をもたらす巨大災害対策についての技術検討報告書（2018.6）
6）国土交通省：南海トラフ巨大地震対策計画［第1版］（2014.4）
7）吉田敏春，斎藤清志，運上茂樹：道路における地震対策と技術開発，土木学会誌，Vol. 100, No.7（2015.7）
8）運上茂樹：国土強靭化のための耐震技術開発：インフラ施設へのレジリエンス設計の視点，土木施工，56（1）（2015.1）
9）運上茂樹：次世代耐震設計論に関する一考，橋梁と基礎（2006.8）
10）(国研)土木研究所，(株)構造計画研究所，パシフィックコンサルタンツ(株)，八千代エンジニヤリング(株)，オイレス工業(株)，川口金属工業(株)，三協オイルレス工業(株)，日本鋳造(株)，(株)ビービーエム：すべり系支承を用いた地震力遮断機構を有する橋梁の免震設計法マニュアル(案)，共同研究報告書第351号（2006.10）
11）堺 淳一，運上茂樹：インテリジェントセンサを用いた橋梁地震被災度判定手法の開発に関する研究，土木研究所報告，No.213（2009.3）

12) Y. Adachi and S. Unjoh: Seismic Damage Sensing of Bridge Structures with TRIP Reinforcement Steel Bars, Proc. SPIE 4330, Smart Systems for Bridges, Structures, and Highways, 2001
13) Y. Adachi and S. Unjoh: Development of Shape Memory Alloy Damper for Intelligent Bridge Systems, Proc. SPIE 3671, Smart Structures and Materials, 1999.3

第 4 章

海外における耐震技術研究開発

米国において多く使用されている急速施工法（Accelerated Bridge Construction (ABC) 工法）を用いたプレキャスト橋脚（Lake Belton Bridge, Texasの例）.
インフラ更新工事に際し，現場施工期間を短縮し，現交通への影響の最小化，さらに通行者・工事施工者の安全性向上に資する工法として普及.
(Federal Highway Administration, U.S. Department of Transportation: Synthesis Report for United States—Japan Bridge Engineering Workshops (Commemorating a Thirty-Year Cooperation)より)

はじめに

本章では，海外においては，どのような視点に重点が置かれて耐震技術開発がなされているのかについて調べてみたい．国連による平成27年（2015年）仙台防災枠組や平成28年（2016年）持続可能な開発目標（SDGs）にも規定され，現在ではすでに世界的共通キーワードになった「レジリエンス（Resilience）」への取組みを中心に，米国や欧州における最近の動向に関し，学会，政府機関，代表的な研究機関の公表資料から参考になる事項のピックアップを試みる．

4－1 米国土木学会（ASCE）Grand Challenge

平成30年（2018年）10月にコロラド州デンバーで開催されたASCEコンベンションにおいて，当年のコンベンションのメインテーマをデザインしたTシャツを着たASCE会長Kristina Swallow氏がステージに登壇した[1)]．そこには，

"Kick the door open and let change in!"

と書かれていた．Swallow会長は，その発言の中で，会議に参加した土木技術者に向け，「変化し続ける世界の中で，新たなアイディア（New Ideas）と革新的な解決策（Innovative Solutions）をもたらすための奮起」を求めた．「それは，誰が最もスマートにそして早く生き残れるかではない．誰が最も高い適応力（Adaptive）を持っているかである．今は迷っている時ではない，さあ，**ドアを開け放ち，変化を大胆に追い求める時だ**」と．そして，「土木工学の力で世界を救うのだ（To save the world with the power of civil engineering）」と，土木技術の革新に向け，将来を見通した先進的（Forward-thinking）な議論を進めるべきとの提案が続いた．

ASCEでは，建設産業を将来の新たな形態・レベルに高めるための新しいアイデアを導入するために「ASCE Grand Challenge」への参画を呼びかけている[2)]．そのゴールとして，2025年までにインフラ施設のライフサイクルコストを50％にすることを目標に，社会のインフラの最適化を進めようとしている．なぜ50％か？ これは，2025年までに必要とされるインフラ投資は4.59兆ドルと推定されているが，そのうち２兆ドルが予算化できていないためとされている．そのためにはインフラの計画，建設，運営，そして維持するモードの抜本的な改革が必要で，そのための方策として，**性能ベースの基準**（Performance-based Standards），**レジリエンス**（Resilience），

革新・イノベーション（Innovation），そして，すべてのプロジェクトに対する**ライフサイクルコスト分析**（Life Cycle Cost Analysis）をキーワードとしている．単純に考えて，2025年までに50％という数値は途方もない数値に感じるが，将来に危機感を抱き，ターゲットを定め，それを達成しようという姿勢こそがGrand Challengeということと理解する．

将来の社会にとって最適なインフラのあり方とはいかなるものか？　人口減少，少子・高齢化，労働力人口減少，産業構造の変化，自然環境と生活形態・様式の変化の中で，社会を支えるインフラとして，効率的で，高耐久で，レジリエントで，そして高い付加価値を創出可能なインフラへの革新的（Innovative）な転換が必要とされているということと考える．

4－2 レジリエンス・4Rコンセプト

我が国の国土強靭化基本法では,「人命第一」,「機能維持」,「被害最小化」,「早期復旧」がナショナル・レジリエンスの基本目標とされている.

第３章の「表-3.1　耐震技術開発の変遷と今後」の中で今後の耐震性能要求に関する課題の１つとして「レジリエンス性能：４Rコンセプト」を採り上げた．国土強靭化と同様のコンセプトと考えているが，改めて欧米における４Rコンセプトについて紹介したい.

図-4.1は，米国の地震工学研究センターの１つであるMCEERから提案された４Rコンセプトを示したものである[3),4)]．４Rコンセプトは以下で構成される.

・**Robustness**（堅牢性）：要素やシステム，あるいは他の分析単位が性能の低下や機能を喪失することなく，与えられるストレスや要求性能に耐えられる強度や能力

・**Redundancy**（冗長性・代替性）：要素やシステム，あるいは他の分析単位が代用可能性を有する能力．すなわち，破壊や性能の低下，あるいは機能の喪失時においても機能要求を満足できる能力

・**Resourcefulness**（資力性）：要素やシステム，あるいは他の分析単位を破壊するような脅威が存在する際に，問題を特定し，優先順位を設定，資源を動員できる能力

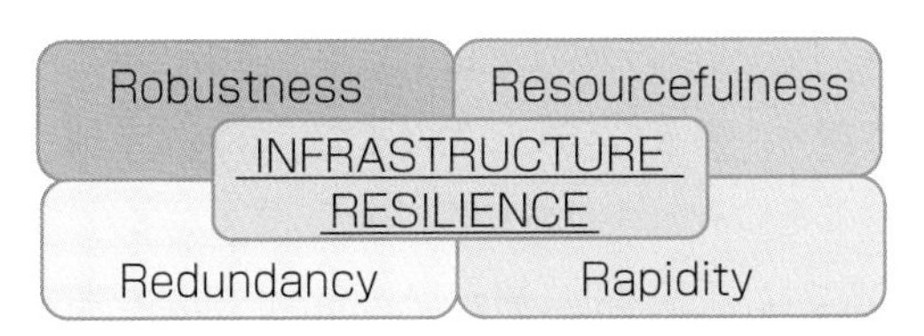

図-4.1　米国MCEERによるレジリエンス：４Rコンセプト

・Rapidity（即応性）：損失を抑制し，将来の破壊を避けるために，タイムリーに優先順位に合わせて目標を達成できる能力

MCEERでは，この4Rコンセプトのもとで，振動制御技術等の先端技術開発を通じて重要インフラ構造物のRobustnessの強化を図るとともに，ライフライン性能評価のための解析・分析ツールおよび復旧対応のためのリモートセンシング技術の開発を通じ，ResourcefulnessとRapidityを実現するために，必要とされる研究プログラムを展開している．また，4R各要素を測定可能とする評価指標を開発し，現状レベルを把握するとともに，目標レベルの設定，目標に到達するための行動計画を同時に開発することが重要と指摘している．さらに，対策を具体的に実行していくために，技術（Technical），組織（Organizational），社会（Social），そして経済（Economic）の4つのレジリエンス次元を提案している．

英国政府のレジリエンス計画で設定されているもう1つの4Rコンセプトは以下で構成される[5]．

・Resistance（抵抗性）：ハザードやインパクトに抵抗するための強度や防護を備えることによって損傷や破壊を防止，軽減する能力

・Reliability（信頼性）：ある範囲の条件下で機能するように設計されたインフラの被害や損失を軽減できる確実性．ある条件範囲でインフラの機能維持を図る能力

・Redundancy（冗長性・代替性）：ネットワークやシステムとしての能力で，サービスの継続性を確実にするために，機能損傷発生時に別のパートにその機能を切替え可能なバックアップ能力

・Response and Recovery（対応と復旧）：破壊・障害に迅速かつ有効に対応し，復旧する能力．事象の発生に先んじて，計画，準備，そして訓練の徹底度によってその有効性が決まる．

さらに，OECDでは，上記4Rに加え，Adaptive（適応性），Flexible（柔軟性），Inclusive（包括性），Integrated（統合性）といった要素の評価もなされている[6]．

レジリエンスに関する要素を設定し，それらの数値的な評価，そしてそれをドライバーとして駆動させてレジリエンスを高める「４R-Drive」として進められている．

4-3 米国における主な地震関係研究投資

(1) 米国地震危険度軽減プログラム (NEHRP)

米国における地震に対するレジリエンスを強化するためのロードマップを示した資料「米国地震レジリエンス:研究，実行，アウトリーチ (National Earthquake Resilience－Research, Implementation and Outreach)」が，平成23年 (2011年) に米国国立アカデミー (National Academies) から公表された7)．ここでは，国家のレジリエンスとして，

「災害にレジリエントな国家とは，災害の軽減対策や事前対策を通じて，コミュニティがその重要な機能を維持する適応可能な能力を開発し，大災害発生時には早期に復旧できる国家をいう.」

と定義されている．まさに世界共通のコンセプトである．

「米国では，将来，被害地震が必ず発生する，また，それらの地震のうちの幾つかは，人口が集中し，脆弱なエリアで生じる．ハリケーンの悲惨さが実証されたカトリーナのように，中規模地震に対処できることは人口集中地域における大規模地震に対する準備として信頼できる指標にはならない.」とされ，国家の地震レジリエンスを強化するための能力の開発の必要性が強調されている．

米国では，将来の地震の影響を軽減する研究や活動を行う国のプログラムとして，議会によって設定された「米国地震危険度軽減プログラム (National Earthquake Hazards Reduction Program (NEHRP))」がある．NEHRPは，昭和52年 (1977年) に初めて議会で採択され，約5年おきに継続的に採択されてきている．連邦機関として，連邦緊急事態管理庁 (FEMA)，国立標準技術研究所 (NIST)，国立科学財団 (NSF)，米国地質調査所 (USGS) の4機関が中心になって連携しながらプログラムを担っている．

表-4.1は，「米国地震レジリエンス」において整理された，地震レジリ

エンスを達成するための課題，活動計画とその概算コストを示したものである．課題として，地震学，地盤・地質工学，耐震工学，構造工学，そして社会科学等を含む広範囲の分野に，基礎研究からコミュニティへの適用までの18のタスクが設定され，地震レジリエンスコンセプトの構築とともに，20年間の戦略計画の実行のためのロードマップを含むものとなっている．

NEHRPの2017年の予算は1.4億ドル，2018年は1.7億ドルとされている[8]．米国においても，地震予知は困難との判断がなされ，現在は，

①地震ハザードの低減のための有効な方法の開発
②建築・インフラ施設のための国家基準・モデルコードの開発による地震ハザード軽減活動の促進
③工学，自然科学，社会・経済・意思決定科学を動員した，地震が人間やインフラに及ぼす影響の理解の深化
④先進全国地震観測システム（ANSS）と広域地震ネットワーク（GSN）の開発と維持

に重点がシフトされている．

構造物関係の上記②に関しては，地震レジリエンスの観点から，「**地震後の再利用と機能回復までの時間**」に性能要求が設定され，建設環境と重要インフラの性能改善を含む「**性能ベースの基準**（Performance-based Standards）」が求められている．

（2）米国国立科学財団（NSF）

米国国立科学財団（NSF）は，米国の科学・技術開発を振興・発展させることをミッションとする連邦機関である．2017年度の予算総額は75億ドルで，米国の大学で実施される連邦政府が支援する基礎研究の24％を担っている．上記NEHRPを担う連邦機関の１つでもある．

地震工学に関連する重要な研究プログラムとして，2004～2014年には，「Network for Earthquake Engineering Simulation（NEES）」プログラム

表-4.1　米国における地震レジリエンス研究マップ[7)]

大項目	中項目	研究課題	予算規模
基本コンセプト構築	国家の地震レジリエンス	・地震レジリエンスの定義	
		・災害レジリエンス文化論	
		・2030年のレジリエント国家の姿のイメージ：ターゲット	
		・地震レジリエント・コミュニティ	
		・レジリエンスの評価・指標・計測	
		・オールハザードアプローチ	
		・災害対応能力強化サイクルの駆動システム	
タスク	1．地震過程の物理	・地震現象および地震発生過程に関する理解の深化 ・地震科学の予測力の改善	5年平均で年間2,700万ドル 20年合計で5億8,500万ドル
	2．先進全国地震観測システム（ANSS）	・先進全国地震観測システムの完全配備	5年平均で年間6,680万ドル 20年合計で13億ドル
	3．地震早期警戒	・地震早期警報システムの評価，試験および配備	5年平均で年間2,060万ドル 20年合計で2億8,300万ドル
	4．全国地震ハザードモデル	・地震ハザードマップの全国版の完成 ・リスクコミュニティのための都市の地震ハザードマップと地震リスクマップの作成	5年平均で年間5,010万ドル 20年合計で9億4,650万ドル
	5．地震予知	・州と地方政府と協調した地震予報の開発と実用化	5年平均で年間500万ドル 20年合計8,500万ドル
	6．地震シナリオ	・地震と津波のインパクトを視覚化し，潜在的な影響を軽減するための地球科学，工学および社会科学情報を統合したシナリオの開発	5年平均で年間1,000万ドル 20年合計で2億ドル
	7．地震リスク評価と適用	・地震リスク評価および損失評価を改善するための高度なGISベースの損失評価プラットフォームへの科学，工学および社会科学情報の統合	5年平均で年間500万ドル 20年合計で1億ドル
	8．地震後の社会科学対応と復旧研究	・世帯，組織，コミュニティー，地域レベルでの事前の災害軽減と準備改善，即座の緊急対応と復旧活動の文書化とモデル化	5年平均で年間230万ドル 最初の５年経過後に評価
	9．地震後の情報マネジメント	・災害後の対応とともに，特定の地震の地質学，構造，制度上，社会経済的なインパクトに関する情報の収集，抽出，普及 ・地震後の調査データのためのリポジトリの作成・維持	5年平均で年間100万ドル 20年合計で1,460万ドル

タスク	10. ハザードの軽減と復旧に関する社会経済研究	・レジリエンスを促進させる個人および組織の動機付け，その実現性とレジリエンス活動のコスト，成功的な実施のための障壁の除外に関する社会科学分野の基礎的，応用的研究の支援	5年平均で年間300万ドル 20年合計で6,000万ドル
	11. コミュニティーのレジリエンスと脆弱性の観測ネットワーク	・コミュニティーの災害脆弱性とレジリエンス測定，モニター，そしてモデル化するための観測ネットワークの設立（レジリエンスと脆弱性，リスクアセスメント・知覚・マネジメント戦略，軽減活動，また再構築と復旧に焦点）	5年平均で年間290万ドル 20年合計で5,730万ドル
	12. 地震被害と損失の物理ベースのシミュレーション	・経済損失・事業中断・犠牲者の信頼ある推定に用いるための，断層破壊，基盤を通じた地震波伝播，土と構造物の応答を十分組み合わせたシミュレーションを可能にするための知識の統合	5年平均で年間600万ドル 20年合計で1億2,000万ドル
	13. 既設建築物・既存インフラ構造物の評価と補強技術	・実験研究と数値シミュレーションの統合に基づいた既存建造物・既存インフラ構造物の応答を推測する解析手法の開発 ・耐震診断と改修のための基準の改善	5年平均で年間2,290万ドル 20年合計で5億4,360万ドル
	14. 建築物・インフラ構造物のための性能ベースの地震工学	・性能ベースの地震工学知識の促進 ・設計実務を改善するための実行ツールの開発 ・建築物・インフラ構造物・ライフライン・土構造物のための基準および標準の改定・通知	5年平均で年間4,670万ドル 20年合計で8億9,150万ドル
	15. 地震レジリエントなライフラインシステムのためのガイドライン	・系統的な調査と既存のライフラインの標準やガイドラインの改訂 ・インフラストラクチャー・ネットワークの脆弱性とレジリエンスを特徴づけるライフラインに焦点を当てた共同研究の実施 ・試験的プログラムおよび実証プロジェクトの実施	5年平均で年間500万ドル 20年合計で1億ドル
	16. 次世代の持続可能な材料，部材，システム	・クリーンで（環境に優しく）かつ（または）適応性のある新しい高性能材料，部材および組立てシステムの開発と展開	5年平均で年間820万ドル 20年合計で3億3,440万ドル
	17. 住民や民間分野への知識，ツール，技術の移転・普及	・地震危険度地域において国中の軽減技術の最新情報を展開することを確実にするために，横断的に技術移転を促進し調整するプログラムの開始	5年平均で年間840万ドル 20年合計で1億6,800万ドル
	18. 地震レジリエントなコミュニティーと地域のデモンストレーションプロジェクト	・認知，リスクの軽減，そして緊急事態への準備や復旧能力の改善のための知識を適用するための地域密着型の地震レジリエンスに関するパイロットプロジェクトの支援とガイド	5年平均で年間1,560万ドル 20年合計で10億ドル

が実施されてきた．これは，新たな材料，設計，建設技術，モニタリング技術などを活用することによって地震被害を軽減することを目的に，全米の15の実験施設と情報基盤の整備からなるものであった．現在は，NEESの後継プログラムとして，「Natural Hazards Engineering Research Infrastructure（NHERI）（2015-2019）」が進められている．このプログラムでは，地震・風工学実験施設，コンピュータ施設，計算工学モデルやシミュレーションツール，研究データベースを含む自然災害研究コミュニティーのための国の共用研究基盤を提供するものとして実施されている．NHERIのために，３つのセンターが設置されている：ネットワーク調整センター（Network Coordination Office（NCO）），シムセンター（Computational Modeling and Simulation Center（SimCenter）），そして，災害時緊急対応研究センター（Post-Disaster Rapid Response Research（RAPID）Facility）である[9)]．ここで，SimCenterは，カリフォルニア大学バークレイ校の世界的な地震工学者Stephen Mahin教授がリーダーとなって，平成29年（2017年）に同校に設置された新しいセンターである[10)～12)]．５年間の計画で約1,100万ドルの予算とされている．スタンフォード大学，ワシントン大学などを含めて12以上の主要な大学から35人以上の研究者が参画している．

本センターは，構造物，ライフライン，そしてコミュニティーへの自然災害のインパクトをシミュレートするための国の能力を進化させるために必要な次世代の計算モデリング・シミュレーションソフトウエアツール，ユーザーサポート，そしてさまざまな教材に対して，自然ハザード研究・教育コミュニティーのメンバーへのアクセスを提供することを目的としている．さらに，災害軽減戦略の必要性や有効性に対して，リーダーがより精度の高い情報を得たうえで意思決定できるようにすることが視野に入っている．SimCenterが想定する新たなオープンソースの枠組みでのモデリング・シミュレーションツールとしては，①暴風・高波・津波・地震などの多くの自然災害を対象に，②地震学，地盤工学，構造工学，都市計画，

写真-4.1　上載車両が橋梁の地震応答に及ぼす影響に関する振動台実験（ネバダ大学Ian Buckle教授提供）

社会科学，政策，経済財政学などを含む複雑な科学的課題に取り組み，③実験・観測などのデータサイエンスと機械学習を活用したモデル開発と高速計算手法の導入などを組み込み，性能ベースの評価とコミュニティーのレジリエンス強化につなげようというものである．

Mahin教授は日本でも著名な研究者で，著者も平成元年（1989年）のロマプリータ地震以降いろいろと指導をいただいた．大変残念なことに，センターが本格的に活動し始めた平成30年（2018年）２月10日に他界された．

SimCenterでは，複雑な事象に関しても，実験・観測データ等に基づき，モデル開発を行うこととされており，こうしたモデル検証には質のよい実験・観測データが不可欠である．NEESを活用し，多くの大型実験がなされているが，複雑事象の一例として，車両と橋の地震時相互作用に関する大型振動台実験について示す．写真-4.1は，米国ネバダ大学リノ校で実施された橋と車両の地震時相互作用に関する振動台実験である[13]．橋面上の渋滞車両による活荷重が橋の地震時挙動にどのような影響を及ぼすかを明らかにすることを目的としたものであり，複数の振動台上に構築された3径間の橋梁模型の橋桁上に，実物のピックアップトラックを積載して加振している．振動台実験結果とその結果を再現可能な数学モデルを用いたパラメトリックな解析検討から，各種の車両条件，地震動条件に対して，車両の積載によって橋の地震応答が一般に低下，あるいは影響が小さいことを明らかにし，活荷重は一般に地震時慣性力に考慮しなくてよいという重要なデータが得られた大型実験例である．

NHERIのもう一つのセンターであるRAPIDセンターは，平成28年（2016年）10月にワシントン大学に設置されている[14)]．同様に５年間の計画で400万ドルの予算である．レジリエントなコミュニティー構築を目的に，災害後の混乱時期において，高品質なデータの収集，評価，そしてアーカイブ化を可能にする．こうしたデータをオープンソースデータとして広範囲の研究コミュニティーと共有を図ることにより，自然災害のモデリング，シミュレーションを通じ，インフラ施設の性能ベースの評価を促進し，そして，やはりコミュニティーのレジリエンス強化につなげようというものである．

4－4　欧州における主な地震関係研究投資

欧州における研究に関して，欧州委員会（European Commission（EC））の共同研究センター（Joint Research Centre（JRC））における研究について紹介したい．JRCは，独立した科学的エビデンスに基づく欧州連合（European Union（EU））の政策をサポートする役割を担う．知識を創造，管理し，そして意味を持たせ，イノベーティブなツールを開発し，これらを政策決定に利用できるようにすることを使命としている．JRCは欧州連合の５カ国の中の６つの拠点において3,000人以上の研究者を擁し，「研究開発フレームワークプログラム：Horizon 2020（2014-2020）」などによって，年間3.3億ユーロの予算で広範囲な研究が行われている[15]．

地震関係研究については，地震や津波の影響の軽減を図るために，JRCでは早期警戒段階から復旧・復興段階までの効率的な災害管理を支援するためのツールや手法の開発が進められている．例えば，事前予防策として，地震作用に対する建築物やインフラ施設の構造挙動に関する研究，構造物の安全性向上のための手法開発，建設業界のための欧州基準（ユーロコード）の策定への貢献を行っている．

例えば，Webベースの広域災害警戒調整システム（GDACS）を開発し，衛星画像の解析により最も支援が求められる地域を特定するなど，初期対応グループへの早期警戒情報の提供を行っている．また，リスク分析，状況認識，対応者と調整者の間の情報交換プラットフォームとしての機能，意思決定を容易にすることを可能にする機能などの統合システムとして，EUのレジリエンス強化に貢献している．本システムは，現在世界中に18,000人のユーザーを有している．また，世界中の津波に対する自動津波警戒システムを開発，運用している．本システムは，予測津波高さと到達時間を迅速に計算し，警戒メッセージとしてGDACSを通じて自動的に配信できるようになっており，こうしたシステム開発に関する研究が進められている．

地震レジリエンスに関する分野にも積極的な取組みがなされている[16]．JRCは，主催機関の１つとして，平成28年（2016年）９月に第１回のレジリエンスに関する国際ワークショップ[17),18]を開催した．このワークショップでは，地震レジリエンスに焦点が当てられ，

①我々の環境を理解するために，レジリエンス・ベース・エンジニアリング（Resilience-based Engineering）をいかに活用し，それを安全で，レジリエントで，持続可能にするか

②大規模な災害に対してコミュニティー・レジリエンスを向上させるための戦略の評価と開発をいかにすべきか

ということがワークショップの目的として設定されている．レジリエンスに対する広範囲で，共同的，そして統合的なアプローチの構築に向けた努力として，レジリエンス・ベース設計（Resilience-based Design（RBD））の新たな方向性に関する提案，議論がなされている．

おわりに

第4章では海外における耐震技術開発に関する研究動向の一部を紹介した．海外でも共通するキーワードは，「**イノベーション**（Innovation）」である．イノベーションとは何か？ 政府の科学技術基本計画等によれば，「イノベーション」とは，「科学的発見や技術的発明により，経済的価値，社会的価値，そして，知的・文化的価値を創造・革新すること」，すなわち，従来にはなかった新しい価値の創造･創出であるとされている．それによって，国および国民の豊かで質の高い生活の実現と，産業や雇用の創出による経済発展への貢献を果たすこと，である．土木分野においては，さまざまな制約と変化の中で，顧客（国民，住民）が満足する「**安全で豊かな環境，システム，サービス**」をどう提供，あるいは，創生，向上，革新できるかがまさにイノベーションと考える．

歴史学者ユヴァル・ノア・ハラリ著（柴田裕之訳）の「ホモ・デウス－テクノロジーとサピエンスの未来」[19]は，テクノロジーや人類の未来に非常に多くの情報と示唆に富む書としてベストセラーとなっているが，ここには，

「・・・歴史の研究は，私たちが通常なら考えない可能性に気づくように仕向けることを何にもまして目指している．歴史学者が過去を研究するのは，過去を繰り返すためではなく，過去から解放されるためなのだ．」

と記されている．

災害事象についても同様で，大きなもの，小さなものを含め，被害・現象を注意深くよく見ることと考える．また，今までの歴史では人間は不変であったが，今後はホモ･デウスとして人間自体が進化するとされている．その時代のインフラはどうあるべきなのか，どう変わるべきなのか考えていかなければならない．

余談になるが，「**レジリエンス：4Rコンセプト**」を最初に提案した米国バッファロー大学のMichel Bruneau教授は，科学・工学を追及する学者としての顔とは異なり，小説家としての顔も持っている．著書の "The Emancipating Death of a Boring Engineer"（2012年10月出版）[20] は，平成25年（2013年）Best Second Novel／Next Generation Indie Book Awardsを受賞している．「人生の意味と愛を探し求めた非日常的な旅」を書かれたものとのことであり，我々もこうした「人間の生き方」という哲学的な課題とともに，土木工学に取り組んでいくことの重要性が示唆される．

〔参 考 文 献〕

1）https://news.asce.org/convention-kicks-door-open-to-civil-engineering-change-innovation/

2）https://collaborate.asce.org/ascegrandchallenge/home

3）http://mceer.buffalo.edu/meetings/AEI/presentations/ 01Bruneau-ppt.pdf

4）Bruneau, M., S. E. Chang, R. T. Eguchi, G. C. Lee, T. D. O' Rourke, A. M. Reinhorn, M. Shinozuka, K. Tierney, W. A. Wallace, and D. von Winterfeldt.: A Framework to Quantitatively Assess and Enhance the Seismic Resilience of Communities. Earthquake Spectra, Vol. 19, No. 4, 2003, pp.733-752.

5）Cabinet Office, UK Government: Keeping the Country Running: Natural Hazards and Infrastructure, October 2011, www.gov.uk/government/uploads/system/uploads/attachment_data/file/78901/natural-hazards-infrastructure.pdf

6）OECD：レジリエントな都市，OECD報告書（暫定版）の概要（2016.6）

7）The National Academies: National Earthquake Resilience- Research, Implementation and Outreach, 2011

8）Congressional Research Service: The National Earthquake Hazards Reduction Program（NEHRP）: Issues in Brief, 2018.9

9）https://nsf.gov/funding/pgm_summ.jsp-pims_id=503259

10）https://www.ce.berkeley.edu/about/newsletter/1817/1820

11）Pacific Earthquake Engineering Research Center（PEER）: PEER Annual Report 2017-2018, PEER Report No. 2018/01, University of California, Berkeley, 2018.6

12）Pacific Earthquake Engineering Research Center（PEER）: PEER Annual Report 2016, PEER Report No. 2017/01, University of California, Berkeley, 2017.6

13）http://www.dot.ca.gov/hq/esc/earthquake_engineering/Research_Reports/vendor/un_reno/59A0695/59A695_Final%20Report.pdf

14）https://www.ce.washington.edu/node/204

15）https://ec.europa.eu/jrc/en/about/jrc-in-brief

16）https://www.oecd.org/naec/Resilience_in_JRC_NAEC_3May17.pdf

17）https://ec.europa.eu/jrc/en/event/workshop/1st-international- workshop-resilience

18) Proceedings of the 1st International Workshop on Resilience, JRC Conferece and Workshop Reports, 2017
19) ユヴァル・ノア・ハラリ（著），柴田裕之（翻訳）：ホモ・デウス，　テクノロジーとサピエンスの未来，河出書房新社（2018.9）
20) Michel Bruneau: The Emancipating DEATH of a Boring Engineer, CePages Press, 2012.10
注）Webの文献はすべて2018年10月時点.

著者略歴

東北大学大学院工学研究科　土木工学専攻　教授　(2017年より)
博士（工学），技術士（建設部門）
1985年　北海道大学大学院工学研究科土木工学専攻修了
建設省（国土交通省）土木研究所研究員，米国南カリフォルニア大学研究助手，建設省（国土交通省）土木研究所耐震研究室長，国土交通省国土技術政策総合研究所地震災害研究官，国立研究開発法人土木研究所耐震総括研究監

受賞　JICA理事長賞（2018年），チリ共和国公共事業省から技術支援への感謝状（2017年），構造工学シンポジウム論文賞（2001，2002年），田中賞（1991年）

委員会など　現在，日本道路協会：橋梁委員会委員，日本道路協会：道路震災対策委員会委員長，文部科学省：地震調査推進本部・強震動評価部会委員，他
日本道路協会：橋梁委員会耐震設計分科会・耐震設計小委員会，委員・分科会長・委員長，土木学会地震工学委員会：委員・幹事長・副委員長，日本地震工学会：副会長，など歴任

著書　日本道路協会：道路橋示方書V耐震設計編（1996，2002，2011，2017年版）(共著)
日本道路協会：道路震災対策便覧（震前対策編・震災復旧編・震災危機管理編）(1988，2002，2006，2007，2010，2019年版）(共著)
橋梁の耐震設計と耐震補強（M. J. N. Priestley, F. Seible, G. M. Calvi著）(川島一彦監訳)，技報堂出版（1998年）(共訳)
Handbook of STRUCTURAL ENGINEERING, SECOND EDITION (Edited by WAI-FAR CHEN, ERIC M. LUI) CRC Press (2005年) (共著)
既設橋梁の耐震補強工法事例集，(財)海洋架橋橋梁調査会（2005年）(共著)
性能規定型耐震設計（現状と課題），鹿島出版会（2006年）(共著)
地震工学概論［第2版］，森北出版株式会社（2012年）(共著)
Bridge Engineering Handbook, SECOND EDITION (Edited by Wai-Fah Chen and Lian Duan) CRC Press (2014年) (共著) など

論文等
土木学会論文集など200編

海外災害調査・技術支援派遣
中国四川省大地震復興支援政府ミッション派遣（2008年）
米国ハリケーン・サンディ国土交通省・防災関連学会調査団派遣（2012年）
日・チリ政府間協定に基づくJICAプロジェクト「橋梁耐震基準改定支援」派遣（2014年）
ネパール国復興支援調査に係る調査団派遣（2015年）
中南米防災人材育成拠点化支援プロジェクト（KIZUNA）(2019年）など

ここが聞きたい！ 耐震設計の基本

2020年8月1日　第1刷発行
2022年8月1日　第2刷発行

著　者　運上茂樹
発行者　高橋 一彦
発行所　株式会社 建設図書
〒101-0021
東京都千代田区外神田2-2-17
電話 03-3255-6684
http://www.kensetutosho.com

製　作　株式会社 キャスティング・エー
印　刷　株式会社 シナノパブリッシングプレス

ISBN978-4-87459-222-9　2022082000　Printed in Japan